華人世界第一本講述
混材╳設計╳收邊的材質知識專書

混材
設計大全

漂亮家居編輯部　著

CONTENT

Chapter 1

混材設計趨勢

混材設計對於空間而言，是必要也是理所當
然的，在材質的混搭設計上，無論是思考的
出發點抑或是喜好，都會隨著時代背景的不
同而產生轉變。如今，混材設計究竟發展出
哪些新的思維？對於材料的認知是否有了新
的想法？商空與住宅之間的差異性是否仍然
存在？此章節共彙整了 5 大混材趨勢，了解
材料運用的新觀點。

5 大混材趨勢報告

隨著材質的多元、工法的演進,以及大眾對於設計的接受度愈來愈廣,過去常見於商空的材料也逐漸被使用於住宅設計上,而設計師在思考材質面向時,不單單只是為了表現,因應環境、或是透過材質訴說空間故事之餘,更包含了實用精神,透過材料之間的設計語彙,展現空間創意。

TREND
1
商空住宅 界線不再分明

如今商空與住宅之間在混材設計的差異愈來愈小,過去商空的用材較為誇張大膽,追求戲劇張力,而住宅則希望能展現溫暖、寧靜以及平和細膩的材質表現,但年輕一代的屋主開始期待住家也能有商空的氛圍,可發揮的空間比以往自由許多;反之,商空則開始刻意製造有如在家中一般的溫暖氣息,反而有收斂聚焦的現象。

圖片提供_合風蒼飛設計 × 張育睿建築師事務所

圖片提供＿合風蒼飛設計＋張育睿建築事務所

表現美感之餘亦包含實用精神

混材設計的核心精神，並非僅僅是為了表現設計與美感，而是包含了能滿足某些特定功能的實用精神。在實用性的需求之上，選用能兼顧功能與美感的材料，藉此進一步展現出材料混搭的設計感。因此在發想材料的混搭時，需要先跟業主討論其實際的需求，以免過度具有實驗性的混材雖然能展現新潮感，卻反而為生活帶來不便利，那就是本末倒置了。

TREND

3

大膽營造衝突美感

過去設計師會以相對較為精緻
的材料來做搭配，但這 5 年
之間，設計界掀起一股追求粗
獷與質樸的風潮，此現象亦展
現於收邊的處理上，不再以精
緻的收邊為訴求，開始摒棄過
於人造的感覺，反之開始嘗試
直接讓異材質相撞，藉此展現
衝突的美感與張力。在材料的
選用上，也展現出以粗獷對比
細緻的喜好，例如水泥混搭金
屬、玻璃混搭鋼材……等。

順應基地材質
進行延伸

有別於過去發想混材設計時，會將全室的材料通盤更新，如今「現場做設計」的概念逐漸興起，設計師開始願意擁抱基地現場既有材質所帶來的驚喜感，並以其為基石進行異材質的混搭設計，此作法亦可免去許多包覆收邊的工序，褪去多餘的雕飾與包裝，會使空間看似自然生成，而無人為痕跡，更加貼近當今崇尚原生自然的時代氛圍。

圖片提供＿合風蒼飛設計＋張育睿建築事務所

材
質
成
為

講
述
故
事
的
媒
介

圖片提供＿水相設計

混材設計的邏輯開始朝向具有敍事性的目的發展，將材料視為空間中講述故事的媒介，思考如何經由
材料的搭配與對話，轉述屬於該品牌或者居住者的故事。因此使用材料之前，必須先對材料進行研究，
了解其歷史脈絡以及文化，才能進行創新的運用。水相設計設計師李智翔以分子料理的概念形容此過
程，建議設計師透過不同材料的組合，轉化該材料本身的性質，賦予其嶄新的視覺與意義。

| Chapter 2 |

兩岸三地設計師的混材設計觀

為了獲得最當紅的混材資訊與思維,從兩岸三地精選出 10 位對混材設計擁有獨到見解以及有 著豐富經驗的設計師,設計的範疇涵蓋了建築及室內、商空與住宅,請他們與讀者分享最前衛 且具有創意的材料運用趨勢及混搭技巧。

壹正企劃有限公司 One Plus Partnership Limited

羅靈傑、龍慧祺

善用各式材料與地域文化特點
共同訴說出最道地的空間特色

文__余佩樺　圖片提供__壹正企劃有限公司 One Plus Partnership Limited

憑藉對材質的熟悉，總能運用獨到設計手法一展材質、空間特色的壹正企劃有限公司 One Plus Partnership Limited 創辦人羅靈傑、龍慧祺認為，隨社會、科技的進步，讓人們不斷追求新鮮事物，再加上材質不斷推陳出新，激發出更多的創新運用，使得設計者藉由不同的材質組合，創造出有別以往的空間設計，不僅把材質、空間應用帶向新的境界，也成為近幾年重要的發展趨勢。

不一味強調材質的豐富性，適才適所才是關鍵

羅靈傑、龍慧祺談到，「在做設計的時候，選用材料非一味地去強調材質的豐富性，更多時候『適才適所』地把空間感、氛圍質感突顯出來才是核心關鍵。」可以看到兩人在選材上多以常見材料為主，如玻璃、水洗石、石頭漆、紡織布、聚酯纖維板⋯⋯等，看似簡單卻能結合不同工法與搭配應用，創造出最適價值與效果。兩人進一步表示，選擇普遍性材料還有一好處，既能適應不同地區的不同要求，也有助於加工和再

| People Data | 憑藉對材質的熟悉，結合戲劇張力的設計手法，總能把普遍常見的材質發揮到淋漓盡致，甚至帶出出眾的質感。正因為對材質、工法相當地熟悉，在替業主進行規劃時，能快速找出最適合的材質種類，如期掌握工時也利於控制成本。

| 得獎經歷 | 2020 德國 GERMAN DESIGN AWARD
2020 美國 THE 47TH ANNUAL IIDA INTERIOR DESIGN COMPETITION

創造外，再者也相對容易掌握施工技術與安裝方式等。

壹正企劃有限公司 One Plus Partnership Limited 所操刀的案子遍布各地城市，羅靈傑與龍慧祺在選材上也會善用在地的文化特點，在設計項目中透過材料的運用，搭配設計體現地域的文化特色。以「西安周大福體驗店」為例，由於西安是個歷史悠久的古都，出土兵馬俑與青銅器是在地重要的文化特色，因此在設計上特別導入兵馬俑與青銅器的概念來做規劃，參考青銅器出土後呈現金屬質感的青色，特別在牆身選擇了一款相近顏色的布料作為飾面，正因布料的紋理迥異，即使分割成不同的小塊，每一塊的紋路都不盡相同。

混材運用傳遞質感也形塑空間的多樣性

進行混材設計時，羅靈傑與龍慧祺一定會考慮比例、色系搭配等面向。兩人分享，當初在操刀「湖北長江電影集團－維佳銀興國際影城盤龍城店」時，業主的預算相當有限，嘗試了依據不同材料特色來達到所要的設計效果。該案選擇以常見的水泥板作為主要材料，由於其本身屬灰色調性，在運用其他材料時，例如人造石、雲石與布料等，也選擇與之相近的顏色，讓空間看起來更加純粹。「不同材料之間共同傳遞出不同的質感，連帶也形塑出空間的多樣性。」

映襯材料質感除了靠材質搭配之餘，羅靈傑與龍慧祺也會運用光線來加以映襯材料質地，一併帶出空間的明暗變化，也使場域擁有更強烈的視覺衝擊。兩人進一步分享過往運用的經驗，光線這項元素還有「揚長避短」的優勢，過去設計的項目中，曾透過調整壁燈的明暗，讓空間中的陰影對比時而清晰、時而減弱，這樣的作法，不僅有效延伸空間觀覺，同時還變得更加立體，同時也會讓人們重新審視材料上的運用，是一種互相的作用。

| 觀點 01 |

**材料選擇
仍以表現空間為主要考量**

材料的選擇除了表現空間，另外還會從許多面向著手，例如哪些材質適合放在同一項目中做共同表述，彼此之間表面紋理、顏色的搭配性，甚至是安裝方式、工藝手法……等，最終再扣合設計理念及欲表現的效果，共同呈現出來。

| 觀點 02 | 結合設計體現地域的特色

規劃「西安周大福體驗店」時，把當地兵馬俑與青銅器特色，融入到設計概念中，參考青銅器出土後呈現金屬質感的青色，特別在牆身選擇了一款相近顏色的布料作為裝飾。

| 觀點 **03** |

泥色與黑白，打造裸妝空間

以水泥牆面與地板作鋪陳，打造一處無多餘色彩的裸妝環境，實現屋主對於簡單空間的嚮往。接著在偌大牆面上以黑、白色烤漆的木板作縱橫雙向交錯設計，特別是以厚實的縱向木板嵌入牆面，再將橫向板以不接牆方式跨在白色木板上，好讓上端光源可流洩而下。

| 觀點 **04** |

運用光源把材料的質感加以映襯

突顯材料質感的特殊性，除了透過與其他材質的搭配映襯，另也會善用光線來加以突顯細節特色，也一併使空間擁有更強烈的視覺效果。

崔 樹

透過質地肌理，和諧與對比
材質將設計語言做最清晰的傳遞

文＿余佩樺　圖片提供＿ CUN 寸 DESIGN

問及材質在空間中所扮演的角色？ CUN 寸 DESIGN 創辦人崔樹談到，單一使用、混合運用皆能展現出材質的不同效果，前者能讓設計在某種材質的渲染與表達下更顯純粹之餘，也能夠讓單一設計主題的呈現上更完整與強烈；至於近年盛行的混材，除了加以突顯質地的細節特色，還能讓設計與材質的呈現更加地豐富、多元化。

崔樹認為混合材質的運用愈來愈盛行的原因在於，它的呈現上更適應當下的年輕的生活方式，原因在於當代使用者對空間設計個性化的要求，而材質的混合運用正巧能碰撞出個性氛圍，多種材質共同使用下，既可以勾勒出同一種風格效果，也能多添幾分迥異質感。

藉由材質傳遞出多重的感受

在進行材料混搭的過程中，崔樹與團隊考量最多面向之一是設計語言的表達，他進一步舉例說明，例如鋼鐵給人一種充滿未來感的印象，

| People Data | 憑藉對空間、材質的了解與熟悉，總能精準地找到適合該品牌、場域適切的材質，透過自身對材料的理解，輔以設計再做轉化運用，不僅將材料玩出新意，甚至讓它充滿情感、故事與內涵。

| 得獎經歷 | 2017 ～ 2019 台灣室內設計大獎 TID 獎
2018 第十四屆中國設計業十大傑出青年 - 光華龍騰獎
2018 Architecture Press Release（APR）國際可持續建築商業室內類別一等獎
2019 第十二屆佛羅倫斯雙年展達芬奇 2019 室內設計金獎

水泥與木料帶給人的是自然舒適的感覺，柔軟的布料因質料提供的是一種輕盈、放鬆的感覺，而材料就如同設計師的語言，端看設計者想詮釋出什麼樣的效果，再依據材質特性加以利用，讓感覺能清楚地表達出來。

另一考量的面向則是帶出材質與人之間的感受關係，由於材質的運用不僅僅體現在視覺的感受上，更多的是本身肌理衍生出的觸覺感受，當各式材質共同使用於環境中時，會特別保留住這些紋理，除了豐富空間表情之餘，當使用者與其接觸時，又能再碰撞出更細膩的感受。

材質搭配留意色彩的協調與對比性

混搭材質時最怕色調上不一致，對此，崔樹認為掌控色彩的協調與對比相當重要。在色彩處理上會盡量以同色調為主，透過深淺的安排製造出具層次的變化，抑或是使用不同色系帶來強烈的視覺衝擊效果。「色調會盡量以『和諧』與『對比』兩種方式做設計思考，但是，無論最終選擇哪一個，最重要的還要留意比例關係，是 3：7、4：6，還是 5：5，才能在讓整體呈現出個和諧的畫面。」崔樹如是説道。

由於材質本身富含獨特的肌理，崔樹也會善加利用燈光這項元素，除了體現光影的表達，也能借助光線的投射，將材質本身豐富的語彙加以突顯，也交織出意想不到的效果。

提及接下來混材運用的發展？崔樹認為，現代人追求性個化的設計，混材運用正巧提供了一個具獨特、創新的思維，甚至還會碰撞出新的設計風格，勢必在日後會是設計上一個很重要的發展趨勢；再加上研發技術的提升，也不斷地催生出新材質，在混材運用上也會愈來愈多元與豐富性。

| 觀點 **01** |

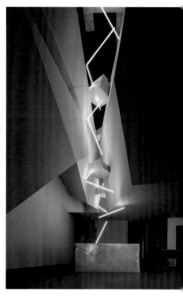

借助光線製造光影
也突顯質地肌理

空間裡運用光線除了展現不同的光影線條，在光的投射下也能將材質本身豐富的語彙加以映襯，看見更枝微的細節。

| 觀點 02 | **混材讓設計與材料的表現更加多元**

CUN 寸 DESIGN 創辦人崔樹在空間中混合運用了毛竹與白色仿大理石磁磚，成功映襯毛竹的肌理與節點，也讓設計線條跳脫制式的框架。

遞進式手法展現色調層次

混合材質時最怕調性不一致，崔樹會在色彩處理上以同色系來加以掌控，同時也會運用一種遞進式手法，展現色調層次的同時也讓整體更加多變。

石坊空間設計研究

郭 宗 翰

著重虛擬材質，回歸設計的純粹本質

文＿田瑜萍　圖片提供＿石坊空間設計研究

　　這幾年在混材設計上，郭宗翰對於材質種類跟與異材質結合的方式越用越少，並非回歸到極簡主義，而是從「見山是山」、「見山不是山」又回到「見山是山」的階段，他認為，混材運用在窮就技法與表現後，應該要真正瞭解並對應到居住者需求，回歸到設計初心的純粹感！

　　回想過去思考混材設計運用，郭宗翰不諱言表示，當時落入「想盡辦法結合異材質」的思維，儘管對材質不熟悉，還是拼了命想湊在一起，但經驗值不夠、底韻不足，講好聽是「實驗性」，但其實就是在進行「實驗」。慢慢累積出材質知識與工法後，還需要懂得調配比例，就像白牆與木頭搭配所謂的「北歐風」，萬一木頭比例拿捏不當，就會走味變成小木屋或桑拿三溫暖，他提醒，做混搭設計時要抽絲剝繭地做比例切割，如此才能讓空間裡異材質的結合越來越有趣也越來越豐富。

| People Data |　設計應是簡化出空間裡最關鍵的元素，而不是將所有細節都植入空間，強調設計既是生活經驗的
延伸，也是欣賞美學的態度。藉由人文厚度的植入，建構空間生活的哲學，擅長運用優美的線性
語彙及豐腴的異性材質營造出精緻純粹、優雅大器的哲性空間。

| 得獎經歷 |　2020 義大利 A'Design Award & Competition 室內空間展示設計類 - 銀獎
　　　　　　2020 韓國 K-DESIGN AWARD

將光影、景致等動靜態納入設計語彙

當混搭設計運用從商業空間延伸到居住空間後，慢慢發現材質美感被消磨殆盡，因為過於技巧性去運用大量異材質，設計上過度要求精工手法，已經脫離了設計的本質，如果只窮就細節工法而忽略最重要的空間型態、空間本質以及去對應到使用者這之間的關係，把日常起居空間變成華美招待所，反而失去了生活本質。

年輕設計師在單一材質上一直尋求突破與改變，將特殊性塗料或表面材大量運用在天花板跟地板，這可能是來自一些國外設計師的案例發想，但兩者的空間結構與基地條件並不一樣，有沒有考慮到這些因素是設計者應該具備的思考完整性，郭宗翰說道。

也因此，這幾年在異材質混搭上，他更注重虛擬材質的呈現，所謂虛擬材質就是光線、景致跟人的活動型態這些靜態與動態因素，室內設計或建築設計要把人在這個空間的活動納入設計語彙，很多設計師會討論但轉化不夠深入，仍著重在材質跟設計呈現，卻很少探討空間動線與光源對應於陳設與材質的影響性。

見山是山納入虛擬材質回歸居住本質

混搭設計運用在窮就技法表現後，應該要回到見山是山、見水是水的純粹，但這個純粹不是回到單一材質，白可以有很多可能，石材有白色、木皮也有白色，但兩者間的白會有不同程度的差異，這樣的異材質結合就算全白也會變得有趣。

再去對應室外光線或設定光源映照在材質上，動線旅程的視覺會產生什麼樣的變化，讓沿途看到的風景會因為這些自然元素產生多種變化，不會視覺疲勞，所以混搭設計應該加入更多虛擬材質的運用，而不只侷限在具體材質的拼接，從真正居住在這個空間的角度去思考，回歸到居住者本身去得出真正量身打造的設計。

| 觀點 **01** |

材質工法注意厚薄度比例調配

材質的搭配比例不要違背原本屬性，混搭設計在工法上一定要注重視覺的平衡感，例如厚重石材想呈現漂浮感，發生在單一材質上可以成立，但運用在混搭設計時，要注意比例與厚薄度，避免讓視覺產生模糊或突兀的狀態，影響居住者的視覺平衡。

| 觀點 02 | **非單一定調材質的發生**

同一個材質可以有不同表現，千萬不要自我侷限，例如清水模多認為是屬於冷調材質，但藉由不同的搭配與工法也可以轉化創造出溫暖或現代等不同調性，不過郭宗翰也提醒鑽研工法不能落入炫技迴圈，失去以人為本的初衷。

| 觀點 **03** |

納入虛擬材質為設計元素

異材質混搭千萬不要忽略納入虛
擬材質的考量，所謂虛擬材質就
是對應到居住者動線、基地條件
與光線這些無形元素，將這些虛
擬材質納入內化的設計語言，否
則使用材質的廣度與深度都會相
對減少。

李智翔

循著材質脈絡，勾勒空間故事的輪廓

文＿陳淑萍　圖片提供＿水相設計

在建築與室內領域中，水相設計將空間視為一種有機體，任何的創意表現都不該只是刻意賣弄，而是使建材作為一個新的載體，成為反映空間的橋樑。除了運用多重材質締結出層次表達，更嘗試打破規則與常例，用實驗精神去理解材質，讓材質於無框架束縛中得到解脫，使其在空間中迸發出無限可能性。

拆解重組，成為空間敘事伏筆

水相設計擅長以故事敘事方式描繪空間，在建材選擇的思維上，著重媒材與故事之間所產生的關連性。水相設計總監李智翔表示：「我們希望的表現方式是讓材質成為空間敘事的伏筆，材質的屬性與安排便必須合乎故事邏輯性，呈現的方式不希望太過直白的開門見山或一目了然，因此我們會將材質透過一系列的轉化過程，經過拆解重組、用迂迴內斂的隱喻，使材質為空間故事發聲，成為投射情感、傳遞想像力的管道。」

| People Data | 以建築的思維來架構空間,並思考空間的材質運用。擅長以材質做為敘事性元素,為空間構築文化性以及具有故事性的情感。用材跳脫既有框架,充滿實驗精神,藉由一次次的重組突破材料的本質,並賦予其嶄新的面貌與意義。

| 得獎經歷 |
2018 台灣室內設計大獎金獎 / 分子藥局
2019 台灣室內設計大獎 TID 獎 / Doko Bar
2019 國家金點獎 年度最佳設計 / 濾境
2019 亞太區室內設計大獎 APIDA 金獎 / Doko Bar
2020 FRAME Award 評審團大獎 / 凝結的時光展
2020 台灣室內設計大獎 TID 金獎 / 湖泊下閱讀
2020 亞洲最具影響力設計獎 DFA 銅獎 / 濾境
2020 亞洲最具影響力設計獎 DFA 銅獎 / 凝結的時光展

這裡的「拆解」與「重組」,不是直接地破壞結構,而是指類似分子料理重新解構的概念,保留材質原有精隨,再去做造型、顏色、單位、排序等形體上的拆解轉換。譬如將實木或竹片透過分割成小單位細木條的拆解模式,再將原有紋路圖騰順序打亂成不同編排手法,運用漆料染色刷舊或炭燒等方式改變顏色質感,將一材質巧妙轉化成另一種全然新穎的創意元素。

營造情境、演繹氛圍的舞台帷幕

空間設計的故事邏輯靈感,可取材自環境特色、在地文化或是揉合舊時代底蘊,包括運用當地特產建材來鋪陳空間,或是以象徵時代文物的印記轉化成裝置藝術材等等。如果將空間視為故事的展演舞台,材質的選用與搭配就是演繹劇情張力的要素,根據所欲營造的氛圍尋找適切的混材方式,譬如水泥與沖孔網彼此的粗獷協調強化了空間舞台的厚實感;卵石與鋼架的自然與人工、圓與方、感性與理性的對比,讓空間激盪出衝突的趣味火花;壓克力與尼龍線材取代傳統玻璃來界定空間,介於透明與半透的隱約視角,呈現更為朦朧曖昧的帷幕效果。

融合舊時加以創新,則讓材質除了演繹氛圍之外,同時也能在空間中並存著過去、現在與未來的光陰軸線。例如將竹藝、漆器等舊工藝傳承味道的牆體,結合現代俐落的金屬材做為底座;或是銅金屬利用藥劑氧化、燒杉木透過炭燒風化等,讓材質肌理多了一分歲月光陰的流動感。而不論哪一種形式的介質混搭應用,皆必須讓設計回歸初衷、呼應內在情感,材質線索脈絡便可一點一滴累積成故事,經過時間慢慢沉澱,每個觀者從中自己去重組、吸收、理解,再賦予空間不同的闡述,便可得到不同的故事感動。

| 觀點 01 |

**材質的分子概念,
拆解重組出新元素**

將材質拆解、重組出不同以往的樣貌,如背景牆以直紋橡木重新切割成橫向木皮,刻意不平整的進退排列,並打亂原木皮的編碼次序,刷上手工塗料暈染後,便孕育成一片全然不同的北國冬季白樺木森林;而前方的餐桌一角則以花崗石與鐵件結合,透過天然石材元素淡化桌子的理性人造線條感。不同的拆解、重組模式,讓混材表現手法有更多元嶄新的呈現。

| 觀點 02 | 讓光陰駐足，空間材質化為有機體

建築與環境之間的連結相依，或是建材隨著時間與使用所形成的痕跡，在混材搭配之前可考量這些變因，預埋一些留白與伏筆，讓材質慢慢醞釀出時光吐納之美。如這處位於湖泊底下的共享廚房，透光材的局部天頂，使日光與枝葉樹影能隨著粼粼水波遊走於萊姆石材壁面上，前方的收納立櫃則以木作搭配銅材包覆，銅表面經由打磨與藥劑處理出懷舊色澤，就像用材質紀錄著光陰流動，使空間成為一個具有生命感的有機體。

| 觀點 03 | 美感藝術裝置，隱含形而上的空間概念

功能性的考量之外，有時也希望透過材料轉換，打造一個新框架或裝飾，藉以埋下邏輯線索，來闡述空間的故事性或傳達某種形而上概念。像是一格格壓克力盒，裝盛色彩律動變化的藍色液體，搭配燈光背牆，幻化為古老中醫裡的老藥櫃，將 SPA 空間的養生思維，轉譯成更具現代感與科技氣質的藝術語彙。

| 觀點 04 |

以環境文化為脈絡，揉合舊時並反轉創新

從當地文化與環境特色作為設計連結與素材選用的開端，彰顯在地文化、揉合舊時代底蘊的傳承根基之下，再藉由材料轉化的過程，更能得到創新反轉的設計趣味。例如大陸福建萬科的「書簡聚落」空間，以當地盛產的竹子為材，但僅僅保留竹節紋理，其餘以轉化手法將竹片刨細、重新分割拼排，並以象徵中式色彩的紅色塗料塗佈覆染，改變了竹子的原貌本質，成為另一種全然新穎時尚的混材，從竹子→解構改變竹元素→再迂迴內斂的呼應在地竹藝印象，一系列的轉化過程中，使文化流動傳承，也成就新的藝術價值與美學表現。

| 觀點 05 |

實驗精神，釀出劇場的意境氛圍

在商空部分以實驗精神多方嘗試，找出最能傳達敘事邏輯，並演繹獨特氛圍的混材方式。譬如空間「客從何處來」把飲食定義為一場「食境秀」展演，從進門、入座、上菜，都像是在劇場舞台上發生的過程，選用十萬根尼龍線以六米長的高度圍繞環境，搭配壓克力、不鏽鋼、水泥等虛實介質，呈現動靜之間／透與不透／看與被看的隱約。手工拉出的尼龍線使界線不那麼銳利明確，反光性也不像玻璃般強烈，透過無形的材質屬性淡化區域分界，並釋放景深、醞釀獨有的空間氛圍。

森境 + 王俊宏室內裝修設計工程有限公司

王俊宏

形隨機能，讓材料訴說空間故事

文＿＿洪雅琪　圖片提供＿＿森境＋王俊宏室內裝修設計工程有限公司

　　擁有住宅與商空設計案豐富經驗的森境＋王俊宏室內裝修設計工程有限公司設計總監王俊宏，對於混材的運用自有一套看法，他表示，住宅與商空本身屬性就不同，前者強調私密，後者更重視分享，因此從使用頻率、機能等條件切入，混材的表現效果與手法就不同，然而兩者都脫離不了「善用材料本身特性，讓設計得以做出更好的空間或作品效益」。

混材選擇與空間週期息息相關

　　王俊宏表示，混材這手法其實行之有年，他以傢具設計為例，古時的中式桌椅多以木材為主原料，而工匠為了加強結構，方便物件適用於室內外，會在底部用馬蹄腿或銅片加以固定，延長物件使用壽命；或者是珠寶盒的上下咬合處與轉角，也會嵌上銅片降低磨損度，以上這些都算是木頭與金屬的混材，也是從機能的角度出發，因此在在影響著王俊宏在混搭異材時，也會加入古代賢人的思考模式，讓作品不是徒有美

| People Data | **透過所選用的材質來呈現空間的精神，回歸居住者的真正需求及使用習慣，使其住的舒適自在；且讓設計透過極致工匠技藝與落實紮實的工法，逐步讓設計進階至藝術層級，使空間、色彩、材質、傢具、軟裝布置，無一不在日常生活之中。**

| 得獎經歷 | 2017 TINTA 金邸獎 空間美學新秀設計師獎／植根（北京）
2018 16th MODERN DECORATION INTERNATIONAL MEDIA AWARD／藝韻天成（深圳）
2019 17th MODERN DECORATION INTERNATIONAL MEDIA AWARD／淬鍊光域（深圳）
2019 TINTA 金邸獎空間美學新秀設計師獎／玉琢精工（深圳）

觀，更富有文化意涵。

也因如此，混材在談美觀之前，他還是得回到功能性的問題，因為空間的使用週期會直接影響材料的選擇，王俊宏將商空的週期定為 5 年，住宅則是 10 ～ 15 年，前者週期相較短，汰換、裝修時間快，因此設計師能為了吸睛選用大膽的素材；反之住宅週期長，不會輕易進行大規模汰換，所以材料必須易於保養，且更重視細節，確保使用者長期使用下的舒適度。面對住宅與商空兩者在使用者、用途與週期的相異條件，設計師必要從中找出各自需要混材的目的。

設計思考來自人生積累

問及王俊宏一路來對於混材思考的心境轉折，他分享到，單身的他是以「形」為優先考量，那時會想辦法在造型上做出突破，因此會大量運用金屬、鐵板元素設計成懸吊的電視牆、書架等，追求輕盈的視覺感、俐落的線條與轉角；成家有了家庭與小孩，對他而言擁有了更豐厚的人生閱歷，那時的他開始從生活中萃取靈感，對於老人與孩童的安全設計也更為重視，那時金屬元素反而不是首要素材；直至近年，他早已不在追求風格化，設計手法也相對更加細膩，因此隨著時間的積累，造就王俊宏在設計的心境改變，更遑論是其中的混材思考心法。

他進一步以台北大稻埕的商空為例，由於此處是他的生長環境，業主也同他年紀相仿，因此選擇蛇紋石作為空間主元素時，不單是從美觀出發，其中更隱含蛇紋石之於大稻埕的共同時代記憶，所以這石材便是情感的植入，對於使用者更是高於機能之上的精神意涵，這便是王俊宏對混材使用的另一層體悟。

| 觀點 **01** |

植入情感或記憶

在空間適時植入富有共同回憶的元素。無論是商空或住宅，相較全面汰舊換新、一昧抹掉過去的遺跡，如果能從中抓取些許舊有元素加以保留或融合，更能讓空間富有情感的延續與文化的傳遞。

| 觀點 02 | **解決機能在思考美學**

設計的首要用意在於解決問題，無論是室內設計或傢具設計，因此進行混材前先從使用性與機能切入，再來思考美化的事，否則一個徒有外表卻難於使用的設計品，存在的意義會相對薄弱。

忠於材料特性

讓材料帶出它獨有的美,而不要
為了混材而混,而是必須思考哪
些元素適合於此空間、此區域,
以及異材之間是否能創造呼應,
是否能透過混搭而創造更和諧、
自然的美感,讓整體氛圍與使用
上更舒服。

合風蒼飛設計＋張育睿建築事務所

張 育 睿

師法於大自然，寄託文化意涵於材料中

文＿王馨翎　圖片提供＿合風蒼飛設計＋張育睿建築事務所

　　經合風蒼飛設計處理的空間，都有著一個共通點：藉由自然材質的使用，賦予空間豐盛的有機感，且材質在空間中具有原生的生命力，一反「設計」行為會產生的人造感。如何讓多種不同的材質相互混合，卻又不會使空間產生過度人為之感，張育睿表示，在接到案件後，親自前往案場熟悉現場狀況是必不可少的過程。當身處於案場中時，便能根據空間既有的條件對其進行想像，亦可觀察光影變化，思考如何讓空間於視覺感上得以與大自然的面貌適度的相疊，並找尋出具有合適語彙的材料。

從大自然中汲取靈感，依據空間性質調整材料用法

　　「當我們在建構無論是建築或者室內空間時，難免都會帶有人造的氣息，諸多是因為使用慣性且單一的材料，雖然在經濟效益或者風險上都比較有優勢，但久了就會毫無變化性，但如果認真觀察大自然，會發現面貌是非常多變的。」談及對自己影響最深的美學養成來源，張育睿毫不猶豫的表示長期對於大自然的觀察，點滴組成現有的美學觀點。

| People Data | 空間設計領域涵蓋建築、室內以及景觀設計，擅長以自然素材創造極簡、原始不造作的美感，強調概念、空間感及多樣性設計，創造具有深度及廣度的空間價值，相信空間及設計皆是人與自然的延伸。

| 得獎經歷 | 2019　台灣室內設計大獎金獎／回家
2020　台灣室內設計大獎金獎／兆兆茶苑
2020　IF DESIGN AWARD ／ Life in Tree House

在發想空間的設計時，無論是在輪廓外觀、內涵概念，或者在材料的運用上，都能從大自然中獲得靈感，而若想體現大自然的景觀，必定會使用多種元素，例如以木頭搭配石材、土類材質等，自然而然地便展現了混材設計的魅力。「並不是為了混材設計而將材料混搭，而是去觀察大自然，會發現本身就不是以單一元素組成，因此混材的運用便是水到渠成，而非刻意為之。」張育睿補充道。

在材料混搭的比例原則上，張育睿亦建議根據空間的性質進行調整，但並非直觀的以商業空間或者住宅空間的冷暖進行區分，而是需要將整體空間的比例納入考量，避免材料的運用在視覺上失去平衡。張育睿進一步說明：「材料使用的比例若沒有拿捏恰當，不僅在視覺上會失衡，也會不符合實質的使用需求，以鐵件為例，基於其重量不輕的緣故，在移動上會較為費力，且為金屬材因而調性會偏冷，因此會建議以較為輕薄或者較細的線條來表現。」此外，材料混搭所產生的衝突性與和諧性，也是影響視覺感極其重要的因素，但對此張育睿亦有自己的一番見解：「衝突、和諧其實是同一件事情，當所有的元素衝突到一個程度的時候，會激發出原生的生命力，有如大自然一般，產生無限包容的和諧感。」

回歸混材設計的核心價值，堅持呈現材料真實面貌

材料混搭的使用可以體現設計師獨特的美學觀點，但張育睿也提醒，混材的核心價值不該脫離實用主義，不能僅僅為了堆疊材料飾面的豐富性而做，而是恰好有某種功能需要被滿足，進而藉由不同材料的組合來實現，使其兼顧功能與美感。另一方面，當今的建材發展十分成熟，因而也研發出許多仿自然材飾面的建材，對此張育睿表示，尊重材料的本質，呈現真實材料的樣貌是自己一直以來所信仰的初衷，「誠實的使用建材，順應其本有的特性加以延伸，不做多餘雕飾與包裝，以此思維運用材料，會使空間看似自然而生，毫無人為痕跡，但實則內部含有精密入微的基地觀察以及比例調配，而同樣的建材也會因融入了不同的基地空間，而展現出獨一無二的樣貌。」

| 觀點 01 |

避免讓風格的定義成為用材的侷限

若想克服重複使用單一材料的困境，首先可以試著避免與業主在討論初期便設定風格，明確的風格定位很容易使材料的運用上產生侷限，同時限制對於空間的想像。材料是輔助空間建構的元素，而非在對空間沒有通盤概念與想像時，就先入為主的想好各別區域要以何種建材來表現，如此一來材料的使用方法便能保持多元性，也能製造出驚喜。

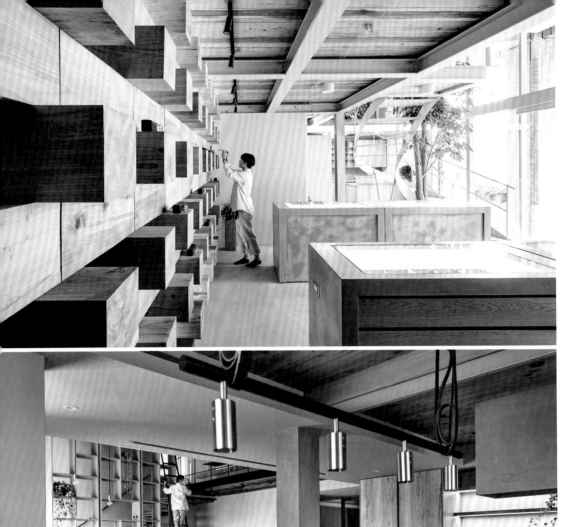

| 觀點 02 | **培養現場做設計的能力**

嘗試跳脫 3D 圖面的制約，反之培養現場做設計的精神與思維，擁抱材料在工地中展現的驚奇，再加以取捨，讓材料之間的比例能達到最佳的狀態。以鐵件為例，經常做為結構材使用，由於不具被美感的需求，過去居多會將其包覆起來，但如今業主與設計師都能接受其裸露於外，因此鐵件除了機能性以外，也開始必須被賦予美感，且需要考慮到與其銜接的材料是否能相互和諧。

順應材料本有特性加以延伸

尊重材料原有的特性,順應其本有的樣貌加以延伸,盡可能避免做多餘的雕飾與包覆,以這樣的思維運用材料,並使其相互組合搭配,可使空間具有原生感,減少人為雕琢感。此外,保留原有特性的建材,反而更能融入不同的基地空間,並展現出獨一無二的樣貌。

吳 透

不順從材料本質，蛻變為全新樣貌

文＿陳頡如　圖片提供＿硬是設計

　　硬是設計的成立時間不過 5 年，主理人吳透帶領團隊所設計的商業空間，已成功吸引大眾目光，不論是 Simple Kaffa 興波咖啡，還是 AKAME 餐廳，皆透過混搭語彙傳遞品牌精神。很難想像有人會因為希望使用一樣建材，而研習燒杉技法，自行購買木料到燒製慢慢試驗，嘗試 3、4、5、6 分到 1 寸等不同厚度，最終試出 6 分板（約 17.5 ～ 18mm 厚）最適合台灣天氣。

不害怕未知材質，試圖創造新的可能性

　　在使用任何一種材質前，吳透會去研究材質的特性，他坦言，「只要我對現有建材不滿意，就會想辦法研發新材質，這也是我們與其他設計公司不一樣的地方。」他認為善用材質本身的美感，遠大於運用設計手法拼貼、組合、裝飾來得重要，不見得需要堆疊大量異材質，才能展現設計之美。

　　身兼「硬是設計」與「木在」兩家公司的主理人，按照常理，有「木在」這樣的木材品牌背景，理應在硬是設計的案子裡看到滿坑滿谷的木

| People Data | 設計過程師法自然卻不乏實驗精神，透過精準拿捏各種材質的工藝呈現、主次比例與配置區域的美學邏輯，創造整體空間的層次與律動性，讓異材質之間有了對話，連帶讓商空有了更豐富的故事性與品牌文化的呈現。

| 得獎經歷 | 2020 TID Award 台灣室內設計大獎──商業空間 - 餐飲空間 / 森林無盡藏

作裝修，但觀察其商空案的木作比例並不高，吳透解釋，「人都會習慣用自己擅長的材料去設計，但我很刻意盡量少用木材做設計，因為這樣做設計，學習進步的幅度會很慢很慢，設計上盡量嘗試使用鐵件、黃銅、石材、玻璃等各種不熟悉的材料，逼自己學習，這樣才會學得多，」提到市場上充斥各式各樣的仿飾材，他搖搖頭說道，「我還是喜歡天然材料，例如，空間中如果需要清水模的質感，我會選擇直接用清水模工法，灌出真實的清水模，不用替代仿飾材，畢竟仿飾材依舊無法取代真實清水模的細節。」

不順從材料原有樣貌，依據設計主軸選用材質

關於空間的材質使用思考，每當吳透尚未確定空間的適用材質，他會回想設計主軸，試著從主軸回推材質與設計樣態，並將空間分成肌理與織理，肌理是指現場原有樣貌，比較深層；而織理則是材質的交織結構，比較表層。如果它是肌理，那外層是否需要另一材質去覆蓋它、複合它；若它是織理，他會思考如何讓它呈現出質感與層次。

除了順應材質本身的美感外，假如無法從材質中獲得預期效果，他將改以「不順從」作為設計思考，舉例來說，玻璃是硬的，把它做成軟的，不順從材料原有樣貌，試著轉化它的質地，又或者像剪紙是軟的，但改用銅來做剪紙，就會讓材質產生不順從的蛻變。

吳透認為空間設計不該為了混搭而混材，決定打掉前應先觀察建案原有樣貌，或許留下老物件獨一無二的姿態，比打掉重新堆疊材質更有魅力。此外，他在為不同品牌規劃空間時，也會琢磨材質在空間蘊含的意義，如何用同樣的材質設計出各不相同的空間，才是設計師必須反覆推敲、斟酌的事。

目前吳透與硬是設計團隊正在發展「曖昧不明」、「半穿透」、「手作感」等設計手法，像是灌 EPOXY 變成屏風，為空間做出曖昧不明的效果。未來還會嘗試以花梨木、黑柿木……等少見木材來裝修，他期許道，「希望不要讓同事受限在過去曾經使用的材料、工法，每個案子都要想辦法往前多走一步，才會走到更遠的地方。」

| 觀點 **01** |

仔細鑽研創新材質特性

使用任何一種材質前，不斷測試研究材質特性，舉例來說，燒杉就是經過逐步測試後才了解 6 分板燒杉最適合台灣氣候的厚度，假如一開始就使用日本的 3 分板，絕對難以適應多雨潮濕的天氣。

| 觀點 02 | **大膽嘗試各種工法**

願意嘗試各種工法，如果遇到不
容易施作的工法，吳透會與工廠
師傅溝通協調，讓師傅大膽嘗試，
像是少見的彎曲玻璃，原先是要
在設計案中使用，但由於開發時
間相當長，且擔心在案場施作有
問題，因此先在硬是設計的會議
室試做，確認安全無虞，才為業
主施作。

| 觀點 03 |

回到最初設計概念找靈感

每當失去設計方向時，吳透總是會回到「最初的設計概念」來發想。例如，硬是設計會議室的設計概念是「換位觀察」，在走進會議室經過的每一個角落，會看到猴子、水鹿、鴨子、馬等動物注視著你，「在動物園裡是你看著動物，我在這裡刻意安排動物看著我們，想表達的就是，設計永遠都要記得換位觀察，而這正是設計最重要的核心，我們得換到業主、客戶的家人的角度去觀察，去思考設計，如此才能把設計做好，」吳透笑笑解釋著，廊道上那道用不鏽鋼沖孔板凹折出波浪狀起伏的三角、直角網牆，讓「換位觀察」的概念透過穿孔光影的呈現更具層次。

工一設計

張豐祥、袁丕宇、王正行

運用邏輯性思維，輕鬆駕馭材質

文＿蔡婷如　圖片提供＿工一設計

　　空間從工地演變成裝修完成的歷程，都是建材不斷搭配的成果，日本建築師隈研吾認為建築的面容，就是來自不同材質的堆砌。室內空間也是一樣的，混搭材料是做空間時必然處理的面向，也趁機展現了設計師的設計手法。

先有設計邏輯，再來鋪陳材質運用

　　工一設計認為使用材質時，需要具有邏輯性，當思考有了邏輯，設計就不容易產生矛盾。比如以現在的工法技術，大理石貼在天花板並沒有問題。但一般來說都不會這樣做，因為與邏輯不合。大理石屬於重的東西，雖然使用在天花板很安全，但心理難免會對這麼重的建材質疑。因此材質在搭配時，邏輯必須具合理性，是設計第一步。

　　再來材質本身的用途帶來感官感受，而這些材質如何搭配，都因應著不同使用者的習慣和空間機能。屋主如果是一個講求氣派的人，可以

| People Data | 擅長透過設計邏輯的思考脈絡，以及材質本身所賦予的感官感受，決定材質的分割和比例方式，讓混搭兼具美感與實用邏輯。 |

| 得獎經歷 |
2015 台灣室內設計大獎 金獎 / 翻桌
2015 台灣室內設計大獎 TID 獎 / 蘭陽映像
2015 台灣室內設計大獎 TID 獎 / 微型空間 自由平面
2017 台灣室內設計大獎 新銳獎
2017 IF 設計大獎室內建築類別 住宅建築 / 迴留

在玄關使用石材地面，來呈現視覺質感，再用皮革做壁面，摸起來很有溫度且符合氣派，或許在天花板添加一些木頭格柵，讓光影有些變化，空間多了分禪意。像這樣的材質搭配，也呈現了屋主的個人特質和喜好。

而材料本身質地的輕重對比，也會帶來設計層次感，用了比較重的建材，可以用較輕盈的材質來舒緩沈重，讓輕與重產生視覺對比性。比如細膩的不鏽鋼在空間畫出一條設計語彙，可以用石材粗糙表皮做成的石皮做牆面裝飾，細緻與粗獷的對比，空間視覺滲透感更鮮明。

材質搭配，決定了使用者感官的感受度

空間材質在運用時，如果一開始沒有想法，可以先以一個面向為主，有了設計基座後來延伸思維。如果以地板為設計主體，設計就會從地板慢慢長上來，延伸到整體空間。就像一個主廚烹飪食材，先決定肉品是牛還是雞？再來決定搭配的調味料或醬料要用什麼？空間在材質上的搭配比例，也是完全是看業主喜好以及設計師的混搭喜好度，來造就空間的視覺質感，也正因為如此，永遠不會有一模一樣的空間設計。

材質如果想要混搭的好，主要是如何讓使用者的感受性很美好，這必須要對材質有足夠了解。設計時每種材質的分割和比例方式，都應該要依據材質本身特性來決定使用的用途。像壁紙的大小是固定的，每一幅寬1米2，使用時因為怕接縫不好看，為了規避接縫，所以用收邊條或其他手法來處理。運用石材時，也會因為石材本身尺寸較大的特性，於是用對花或翻版方式處理。所以當設計師想要混合多種材料做設計，必須先足夠瞭解材料特性，才能在適當位置擺上適當材料，當然，這一切都必須先建立在一個合理的邏輯性。

| 觀點 01 |

**點綴特殊花樣石材，
達到強烈視覺效果**

想要擁有特殊空間氛圍，可以挑選花紋具特色的石材，讓建材的天然花樣來推演視覺效果，壁面可以搭配溫暖性強的皮革材質來輔助凸顯石材特質，或者其他觸感溫潤的天然建材，也有相似功效。

| 觀點 02 |　局部妝點鍍鈦金屬，在眾多建材中跳出亮點

鍍鈦金屬很適合堆砌高貴的視覺效果，尤其是色系協調的空間中，比如灰的很均質的視覺感，如果再加一些些金屬感的配件或裝飾性裝修，就能夠讓空間在勻稱感中多些衝突感。

| 觀點 03 |　粗糙對上細膩建材，引出視覺衝突

比如大理石的原石，表層很粗糙，用火藥炸掉表層後，表層就是石皮。用這樣原始又粗糙的石皮來做壁面表層，視覺上本身就帶來衝擊性，建議用較為細膩的建材，比如布面或皮革來搭配，可以緩和石皮本身強烈視覺性果，讓設計節奏感變得柔軟。

| 觀點 04 |

**主建材像中心主軸，
豐富視覺層次**

撰寫一篇文章，會有中心思想。設計也需要主軸脈絡，讓建材選用和搭配圍繞著這個主軸延伸出去，空間這才有了邏輯性。比如低調安靜的水磨石作為視覺主角，這時候穿插搭配不鏽鋼或絨布，代表剛硬和溫度的建材，可以讓空間多分活潑。

| 觀點 05 |

材質差異營造視覺對比感

特殊塗料會呈現一種略帶粗糙的手感，這時候如果搭配鋼琴烤漆做成的櫃體或壁面，會產生材質差異感。而且鋼琴烤漆是非常細緻材質，必須進無塵室磨製，所以這兩種材料之間會產生對比，也因此讓兩種截然不同的材質，產生像在空間內對話的設計語彙。

| 觀點 06 |

絨布與金屬間的冷熱感衝突

絨布本身因為帶光澤，很適合塑造略帶個性但不失溫度的效果，這時候可以加一點金屬來點綴空間的剛硬和俐落感，讓象徵冷與熱的兩種材質激盪出具個性感的空間語彙。

謝 和 希

梳理視覺美學，堆疊細緻觸感

文＿洪雅琪　圖片提供＿源原設計 Peny Hsieh Interiors

　　善於捕捉材質特性的源原設計 Peny Hsieh Interiors 設計總監謝和希（Peny），對於混材搭配自有一套看法，問及她在面對住宅與商空兩種類型的空間時有何差異？她表示，單從材質來看，無論是何種空間，比起一昧堆疊各種異材，她更偏好善用比例、範圍、方向性等設計手法，帶出同種材質的表現層次。

講究材質觸感，佈局空間質感

　　Peny 進一步說明，源於住宅需要與被人長時間使用與共生，因此相較商空的潮流特性，住宅的混材思考更講求「觸感」，即是透過人體的觸摸與踩踏，深度體驗空間的各處細節，她表示，愈來愈多業主會開始重視材料本身的品質，相對在視覺上，也更能接受更簡潔的表現方式，讓一切回歸到「住家舒適」的核心目標，因此同上述所言，Peny盡可能將混材設計回歸純粹，捨棄過多材料堆疊而成的喧嘩感，反倒是

| People Data | 堅持在材質選擇與細節上的設計品味，擅長運用大膽的自然元素、優雅比例與材質變化，建構出
兼具高質感及舒適感的協調空間，表達一種平凡生活態度與美學的交融。

| 得獎經歷 | 2019 香港 APIDA 亞太區室內設計大獎 銀獎／ Small Living Space
2019 香港 APIDA 亞太區室內設計大獎 銀獎／ Flowing Vector 流動向量

重點掌握 3 ～ 5 種材料，並透過清楚拿捏材料本身的特性、比例尺寸、配設位置、擺設方式……等，來增添空間的豐富度。她舉例，假設住宅客廳主牆決定用木皮，比起直接將材料順向覆貼至壁面，她則會利用分割線劃分壁面，再將木皮以交錯排列方式帶出木紋的各種方向性，這樣一來，原本單純的平面便產生視覺變化，效果也更富有層次，這便是善用同種材料創造出混材感的秘訣。

掌握異材比例，保有衝突感下的和諧性

　　觀看 Peny 的作品，會發現她對於混材搭配相當重視整體配色，例如將某高端住宅定調為灰階配色，如此一來，材料的選擇便鎖定在這些色度範圍，搭配起來更能呈現柔軟、和諧的整體感；假使要從中創造吸睛焦點，她會再以跳色做出大膽差異。例如想在某一面冷靜的灰色主牆中帶入熱情感，就不能選擇同為灰階的材料，這樣會削弱反差感，反而選擇像綠色大理石這樣具強烈視覺效果的材料，透過兩者分配比例的拿捏，讓空間活耀起來。Peny 提醒，「混材搭配不只是將異材放在同個空間裡，材料本身特性也是關鍵，不然混搭完之後彼此的特色都會被吃掉，重要的是，『衝突感』也能帶來和諧，它能讓空間達到一種平衡，而非為了和諧而顯得單薄，我認為不能為了營造和諧，捨棄讓材質碰撞的火花和機會。」

　　對於該如何拿捏衝突感？ Peny 表示，愈大膽的元素愈要注意配比範圍，例如要置入金屬元素，那整體基底就偏向柔軟自然的，讓冷、熱設計語彙衝突感達到平衡，又或者從人一定會接觸到的地方下手，像是把手、門片、桌面……等處加強質地，設計師必須將混材的張力控制住，否則住宅空間容易落入突有華麗表現的圈圍，反而對居住者不夠友善。

| 觀點 **01** |

扣合居者特質，展現個性化

無論是住宅或商空，混材的搭配過程都須與屋主或品牌扣合，而非為了強調設計感或追求特定風格，讓空間流於表象、喪失個性。其中面對材料的選擇、色澤、質地、紋路，設計師要思考的是，當異材出現在同一空間該如何拿捏和諧性與衝突感。

藉混材表達奢侈視覺與貴氣觸感

除了將主要材質運用在天地壁三大區域，Peny 更善於透過獨一無二的設計概念，將材料融於各種收納系統或櫃體，並結合工藝細節的表達，以藝術手法豐富空間層次，對她而言，奢華感能透過觸覺加以營造，讓空間兼具美感與使用上的舒適度。

人性化細節,豐富空間層次

材料的選用不只講求視覺效果,觸
覺更是展現人性化的細膩巧思之
處,建議在人會觸摸到的地方如把
手、檯面、壁面等處加強溫潤或冰
涼的感受,能有力豐富整體空間的
層次,讓使用者居於其中能享受到
質地帶來的奇特體驗。

洪 浩 鈞

實驗材料的多元面貌，賦予在地材料嶄新詮釋

文＿王馨翎　圖片提供＿共序工事

　　以建築背景出身，並曾於英國知名建築事務所－海澤維克建築事務所就職過的共序工事設計總監洪浩鈞，回到台灣後也成立了屬於自己的設計團隊。跨足建築與室內設計，對於空間的理解與建構，有著自己的一套見解，對待材質偏好令其保留粗獷原始的樣貌，將材料視為述說空間故事的基底，希望能與基地周邊的環境達到舒適共存與互動對話的狀態。談及過往與海澤維克共事過的經歷，對其用材有何影響，洪浩鈞表示：「那段經歷給予自己的成長與影響都很大，當時公司所使用的材料十分新潮，亦不畏懼實驗新的材料，只為了實現一個抽象的氛圍或概念。不過由於國外對於新事物的接受度相比國內而言，相對高了許多，因此回國時也花了點時間調整自己使用材料的方式。」

從日常生活取材，重新定位材料的主、配角性

　　返國後的洪浩鈞，給自己數月的時間休息並重整步伐，期間走訪了許多地方，以徐徐步行的方式細細的觀察周邊景物與建築，漸漸改變取材的方式與思維，不再專注於實驗最新潮的材料，而是開始關注那些本來不受重視的元素，且試圖與在地產生實質連結，讓材料成為能引發

| People Data |　師承自英國鬼才設計師海澤維克，勇於將過往易受忽略的材質重新提取並予以採用，成功顛覆材料的刻板印象。玩味材質混搭時，可兼顧實用性與美感。擅長透過材質的選用，與在地文化產生連結。

| 得獎經歷 |　2019　台灣室內設計大獎金獎／鳳嬌催化室

在地人共感的媒介。「例如實際走訪台灣傳統工廠，便會觀察內部的燈光、鐵皮等元素是如何運用的，很多材料是本身不被注重，或是一直被當作結構材、附屬材料來使用，那段時間開始思考如何利用設計的手法將其轉化，使其適用且能見於一般的住家或者商業空間，兼具美觀與實用性。」經由設計思考的轉化，使慣常被忽略的材料，成為空間中的亮點、主角，此獨特的用材手法，也令由洪浩鈞與其團隊所經手的案件，經常能帶給觀者深刻的驚喜感。此外，在各地走訪的經驗，也讓洪浩鈞對於材料與使用者的關係有了前所未有的體悟，

他開始思考如何在不改變原使用材的前提下，優化其組成方式以及美感，使其得以兼有功能性與美感。」洪浩鈞進一步補充道。

實驗材料不設限於空間大小，用材思考與概念生成為動態過程

基於用材思維的轉變，洪浩鈞踏上了永無止盡的材料實驗旅程，總是企圖將單一材料的多元使用方法，藉由實驗來提取經驗與成果，其中固然有許多成功的案例，卻也不乏有因為條件的限制而無法達到預期結果的時候。對此，洪浩鈞卻從未感到灰心：「重要的是實驗的過程，無論是成功或者失敗，都能成為公司內部獨有的用材經驗，因此只要配合的師傅表明從未嘗試某一種作法，就會更想要去試試看！」而洪浩鈞對於材料實驗的堅持，亦是無關乎空間大小或者預算高低的，即便是再小的案場，都具有實驗新材料的可能性，可將其施作於局部的、微小的細節，讓嶄新的材料運用為空間製造亮點。

另一方面，材料亦可視為一種無聲的語言，能從中淬取出儀式感與氛圍，也能引導人與空間有更直接、親近的互動。洪浩鈞表示，公司內部對於每個設計案都設有共同的目標，其中包含材料研究、氛圍營造以及促進空間與人的關係，而在考量的優先順序上，依舊以材料的實驗為首，無論是先確定概念進而實驗合適的材料，或者先有想要實驗的材料進而發想與之相合的概念，都是一種動態的過程。洪浩鈞亦於語末補充說明：「氛圍的構成與否，其中包含太多的變因，因此會希望能在材料組成都齊備了之後，進而自然地提煉出氛圍感，如此一來也能讓氛圍的塑造不會顯得過於刻意。」

| 觀點 **01** |

用材須考量當地氣候條件，不可一昧仿效國外

雖然參考國外的用材方法，是不可避免的學習，但依然需要將其進行轉化，因為材料與環境是息息相關的，尤其在氣候的部分影響更大，國外氣候乾燥，台灣則是普遍潮濕，因此有許多材料適用於國外，卻不適用於台灣，因此也不能一昧的效法國外的做法，還是需要考慮在地的條件，進而去尋找合適的替代方案。

| 觀點 02 |

從三維空間思考用材，提供 VR 系統直觀體驗設計

在思考材料的比例關係時，由於本身是建築背景出身，因此並不會在平面圖上思考材料的組合與比例，而是直接建立 3D 空間圖，直觀地在三維空間裡去感受材料之間的關係。此外，由於公司內部具備 VR 系統，從去年開始便嘗試讓業主配戴 VR 眼鏡，更真實貼近地去感受置身在空間中的實感，使業主能快速的攫取到設計的概念。

仔細收集靈感資料，尋找材料的
多樣面貌

洪浩鈞一直以來都有收集靈感的
習慣，也會將其整理成簡報，可
供自己需要提取靈感的時候，能
立即翻找資料庫。相信單一材料
可以有很多種用法，只是還沒有
被摸索出來，因此很喜歡親自探
索驚喜，而由於許多作法是師傅
過去不曾嘗試的，因此要能耐心
的與師傅作溝通。

　圖片提供＿水相設計

Chapter 3

與材質元素最潮混材設計

在進入發想混材設計的階段前，認識材料所能達到的效果十分重要，此章節將先提點設計師們關於混材設計運用的基礎通則，再接著從金屬、石材、磚材、木與竹、玻璃以及特殊材六大面向，介紹當今最熱門且具有創意潛力的建材，且透過兩岸三地混搭高手分享混搭技巧以及收邊處理的訣竅。

混材設計運用概念

因應現今居家或商業空間設計樣貌多元的需求，各種不同建材在同一個空間搭配使用，成了現今室內設計新趨勢，藉由金屬、木素材、水泥粉光等相異材質的混搭與運用，不只讓空間有了更多元的樣貌與豐富的層次感，二種以上材質拼接混用時，拼貼的技巧與工法，也展現了另一種層次的工藝之美。在這個部分，將統整 15 個混材設計的概念，並且提供施工、收邊要訣，提供設計師們掌握異材質拼接時的搭配運用技巧。

混材設計概念
Point 01　　木 X 石

善用石材切面搭出自然紓壓氛圍

木質與石材都是天然素材，無論是種類或是本身的紋路變化都相當豐富多元，二者交互混搭後則可變化出深、淺、濃、淡各種氛圍，同時木材質還可搭配染色、烤漆、燻染、鋼刷面、復古面……各種後製處理來增加細膩質感與色調；至於石材則可在切面上作設計，讓石材呈現出或粗獷或光潔等不同表情，綜合種種，基本上木與石的混搭是最能展顯出自然、紓壓空間的搭配組合。

圖片提供 _ 開物設計

施工注意／●一般石材本身較為脆弱，在施工過程容易刮傷、碰損而需要更多維護，加上石材價位高於木料，而且木作修補上較方便，但石材修護較困難，所以工序上木作會優先進行完成後，再來作石材的鋪貼，甚至一般最常見的石材電視牆也是以木作角料作結構，再作固定施工。●若是與磨石子、抿石子、文化石混搭，因這類石材屬於泥作類工法，施作順序通常會排在木作之前，若與木作直接結合，有可能需要利用五金來強化結構，同時也要特別注意二者之間的點、線、面接合處，並藉由尺度的精準來呈現設計的細膩度。

收邊要訣／●木作與天然石材的收邊技巧，最重要的就是要注意精準度，尤其在收邊的接縫處要講究密合度與平整度，最好是可以用手觸摸感覺觸感。較講究的收邊做法會在石材以水刀切割導出圓角，展現出更細緻的作工。至於實木同樣也會導角，木地板的收邊則可運用包邊條或壓條來處理。●磨石子或抿石子在收邊的技法上要注意轉角的平整度，若是抿石子則要考慮碎石的形狀以圓潤、扁平為佳，減少尖角的石子容易發生掉落、割傷的問題。●文化石的工法及收邊則有如磁磚，須注意表面的完整性，避免不當切割造成畫面的突兀，另外若牆面為落地設計，可在下方作踢腳板設計，以免因文化石粗糙面而有碰撞的危險。

木 X 磚

從尺寸大小與拼貼組出多樣風貌

木素和磚材這二種相異材質,需先從確立空間風格開始,如質樸的陶磚與木材做搭配,最能展現具田園氣息的鄉村風,喜歡自然元素,又希望與鄉村風做出區隔,則可以仿石類型的磚材與木素材做搭配,為空間注入療癒、紓壓的自然原素;表面帶有光澤的磁磚具反光效果,適合線條俐落的現代感空間;過去做為結構體的紅磚,現在也逐漸傾向不再製加工,藉其樸拙特質與木素材共演具歷史感的復古味。木和磚的搭配除了面料與材質的考量外,磚材的尺寸大小與拼貼方式也是展現空間風格重要的一環,藉由設計師的巧思,有更多樣的組合與運用,也讓木與磚的空間搭配更精采。

圖片提供 _ 尚藝設計

施工注意/●一般若貼覆於牆面時,大多會使用乾式施工,增加其附著力避免有掉落的危險,至於地坪的磚材則沒有掉落危險,因此大多採濕式施工居多。當磚與木作搭配時,因磚屬於泥作工程,通常會先進行磚材施工,最後再進行木作,二者若同時做為地坪建材搭配時,施作完鋪磚工程後,木地板需配合磚的高度施工,以維持地坪的平整。

收邊要訣/●由於施工順序關係,通常在木和磚交接處,會由木素材以收邊條做收邊處理,收邊條的材質目前有 PVC 塑鋼、鋁合金、不鏽鋼、純銅到鈦金等金屬皆有,考量到木素材搭配性,也可以選用木貼皮或者實木收邊,看起來更為美觀與協調。

圖片提供＿石坊空間設計研究

冷暖調和單純質樸現代感

就水泥表現特性來說，運用在居家空間之中
過於冷靜理性，加上水泥施工上有一定的難
度，對於細節表現的靈活要求常不盡理想，
與自然溫暖的木素材搭配，正好緩和水泥的
冰冷調性，並可彌補水泥缺點。一般來說水
泥因施作工法需架設板模灌漿塑形，適合大
面積或塊體使用，因此大多運用在牆面、地
面及檯面，而木素材施作較容易，變化也較
靈活，大多以櫃體、門板及傢具的形式與水
泥搭配，調和出單純樸實的現代空間感。

施工注意／●水泥施作難度高，修改調整靈活
度低，大致上來說應先施作水泥部分然後再木
作，施工前需事先詳細規劃施作步驟，精算並
預留結合木作的位置尺寸，等到拆模後才會有
完美的結合。

收邊要訣／●以水泥製作傢具或檯面會採用清
水模工法施作，為了讓水泥結構作為完成面，
檯面大多有精準的轉角切面收邊，若是在水平
面預留與木素材接合的位置，會將事先預製的
木作以膠合方式與水泥貼合，與木作切面完整
貼齊，呈現材質原始接面不刻意收邊。●木地
板因氣溫或濕度自然收縮膨脹，因此在水泥地
坪上施作木地板時會預留 8 ～ 10mm 伸縮縫，
收邊主要目的為美化木地板預留的伸縮縫。

染色仿舊木紋搭出變化性

木與金屬的搭配相當多元，除了木種、木紋的款式繁多，各種染色技巧與仿舊做法還能造就出更多差異性，若再搭配金屬材質的變化設計，風格即有如萬花筒般地豐富燦爛。例如鍛鐵與鐵刀木最能詮釋閒逸的鄉村風，而不鏽鋼搭配楓木則給人北歐風的溫暖感，至於黑檀木與鍍鈦金屬又能創造奢華質感，多變的戲法全看設計師的巧思與工藝，幾乎在每一種裝修風格中都可見到木與金屬的混搭之妙。

圖片提供 _ 尚藝設計

施工注意／●二者之間可以運用膠合、卡榫或鎖釘等方式接合，有些甚至運用了二種以上工法來強化金屬與木素材結合的穩固性。●鐵製架構的書櫃若想結合木層板來增加人文書卷味，則應先訂製符合於空間尺度的金屬骨架，再將架構固定於牆面或地面上，最後將木板鎖在事先規劃的層板位置，更講究細節可以用木板將鐵架上下包夾的設計，讓外觀看起來更精巧。

收邊要訣／●若是希望在木牆上直接「長」出金屬結構的櫃體時，必須考慮的是支撐櫃體的強度，建議應將金屬鐵件直接栓鎖進泥牆，或者以木角料固定在牆內，接著再將先開孔的木皮或木飾板覆上牆面，如果擔心二者交界的收邊問題，也可借用五金蓋片作修飾收邊，讓二種材質之間的銜接上有更多設計細節。

烤漆、噴漆、鋼刷玩出濃淡層次

木材質的使用在現代建築已是不可或缺的一環，無論是搭配性或是質地、觸感，都很適合運用於居家空間配置，細膩的紋路以及木材本身的香氣，皆能突顯空間特色。而要在以木材質為主的空間創造出不同風格，可藉由木質板材的運用，同中求異做變化，藉由染色、烤漆、噴漆、鋼刷等方式呈現濃淡等不同風貌。

圖片提供 _ 大名 × 尚石設計

施工注意／●板材的施工方式，不外乎是先以各種不同的膠劑先行黏合，並依板材的脆弱程度及美觀，以暗釘或粗釘固定。其中白膠價錢較便宜、穩固性低，有脫落可能；防水膠和萬用膠較能緊密接合物體，價錢相對而言較高。●若以板材做隔間牆，地板為木地板時，則需注意施工的先後順序，一般來說，應先做好隔間牆，然後再進行鋪設木地板動作，接著再就二者接合處做收邊。

收邊要訣／●木作與板材收邊時，須注意整體的平整度，避免行走或觸碰時感受到凹凸不平的現象，現在比較方便的方式是以矽膠或收邊條處理，在轉角處或是接縫處使用收邊條，再用專用膠接合，角度與接縫都要精準，才能確保整體施工品質。

木 X 磐多魔

拿捏色系配置呈現材質質感

當木與塑料相搭時,以磐多魔或 EPOXY 為例,大面積鋪陳會使塑料的人造感更為加重,在強調舒適氛圍的居家中會顯得過於冷硬,因此,可透過色系和配置比例拿捏輕重。建議塑料以局部施作為主,像是公共區域的客、餐廳,選擇中性的灰、黑、白,作為空間的襯底,搭配深色或淺色木質作為視覺焦點,若這兩種材質相拼接還可嘗試使用同色的搭配,呈現不同素材的質感,創造視覺的豐富感受。

施工注意／●若磐多魔要與木地板相接時,木地板必須先鋪好,並於表面鋪設 PC 板保護層,以防受污沾染。與磐多魔接觸的木地板側面也要先塗佈 Epoxy 保護,避免磐多魔內部的水氣入侵造成受潮情況。●若是磐多魔施作在牆面要和木作相接時,同樣也是木作需先完成,由於是以鏝刀一刀刀塗上磐多魔,只需在木作的邊緣處貼上寬版紙膠帶保護即可。

收邊要訣／●不論是木地板或木腰板要和磐多魔相接時,若想呈現兩個材質的明顯區隔,接觸面可使用實木條、鐵條作為收邊處理,呈現俐落清晰的視覺分割。●收邊條的色系建議可與磐多魔或木作相同,形成和諧的配色,避免過於突兀。要注意的是,由於不同材質的熱漲冷縮程度不同,建議留出約 3～5mm 的伸縮縫為佳。

圖片提供＿水相設計

圖片提供 _ 尚藝設計

石 X 磚

多樣組合運用凸顯獨特性

在風格的呈現上,不論是石材或磚,都有許多
色系和質感的選擇,端視空間設定的氛圍做搭
配,假如嚮往自然樸實的感覺,可選擇一面主
牆鋪飾洞石,再搭配有相近質感的磚材,彼此
就會顯得協調。從使用空間來看,大理石材毛
細孔多,會有吃色的問題,假如是衛浴空間,
地壁建議還是以磚材為主,局部在檯面採用大
理石材,就能帶出精緻感,也較符合現代人對
自然、簡約現代住宅的嚮往。

施工注意／●大理石鋪設地面多採用乾式軟底
施工,壁面則用濕式施工,壁面施作時通常用
3～6分夾板打底,黏著時會比較牢靠,但像
是天然石皮的重量很重,施作時會建議用鐵構
件為底,搭配同樣以鐵件懸掛於鐵件結構上,
會比夾板、水泥砂漿鋪貼來得穩固。●磁磚施
工也是分為地面和壁面,例如拋光石英磚地面
現在多為半乾式施工法,可避免空心的問題產
生,馬賽克磚宜選用專用黏著劑來增加吸附力,
板岩磚拼貼應留縫2mm,避免地震時隆起。

收邊要訣／●磁磚轉角的收邊有幾種作法,一
種是加工磨成45度內角再鋪貼,貼起來比較
美觀,另外最簡單的方式就是利用收邊條,材
質從PVC塑鋼、鋁合金、不鏽鋼、純銅到鈦
金等金屬皆有。●石材、磁磚面臨同樣鋪貼為
地面或壁面時,則要注意兩者的厚度,或是利
用進退面的貼飾手法,解決收邊的問題。

石 X 水泥

質樸冷調混搭休閒氛圍

由於石頭和水泥本質皆為冷調色彩，兩者混搭所造成的特殊效果，無論是現代空間或自然休閒風格，甚至和室禪風皆能融合，若選擇琉璃玉石混搭，也能仿造出西班牙高第風格的異國情調，其中又以浴室更為適合使用抿石子，特別是休閒風的浴室，不只可以用抿石子做為浴室壁面的材質，還可以利用抿石子砌成浴缸，營造出湯屋的休閒感；另外，開放式廚房可以用吧檯做為區隔，使用抿石子砌成吧檯，讓空間更具休閒氛圍。

圖片提供 _ 森境 + 王俊宏室內裝修設計

攝影 _ 沈仲達

施工注意／●不論洗石子、抿石子或清水模，皆屬於高技術的裝修工程項目，洗石子、抿石子在施工過程中，因會抿掉洗掉小石頭以及流出許多泥漿水，施作前務必要完善規劃排水設計，以免小石頭或泥漿水流入排水管。●磨石子用於地坪時，經滾壓抹平，待乾燥之後，再以磨石機粗磨、細磨、上蠟，因攸關地面平整性，相較其他材質工法更注重細膩度。

收邊要訣／●抿石子因質地薄且易碎，一般而言可利用金屬、塑料作為收邊媒材，倒是面材色彩應用其實是相當主觀的判斷，例如黑色石材搭配乳白色壓條是一種衝突的組合，除非特意用於特色空間裡，否則仍應以視覺舒適感為優先考量。●抿石子表面記得要塗上一層薄薄的奈米防黴塗料，或者透明的 EPOXY，以便維護，且會更有光澤。

圖片提供 _ 尚藝設計

石 X 金屬

透過色彩對比混搭多變風格

從材質屬性上來看，石材與金屬雖均屬冷硬調性，但在石材仍可藉由不同色澤與加工處理創造出暖色系與放鬆休閒感，例如洞石、木紋石或文化石……等，這類石材可與金屬混搭出對比美感，有別於一般石材光潔、冷傲印象。至於金屬又可分出鄉村風中常用的鍛鐵，現代空間的不鏽鋼及時尚風格常見的鈦金屬等，雖都是金屬，但質感與效果卻有天壤之別。

施工注意／●因金屬的強度與可彎性等特質，運用時多半側重在結構支撐上，至於石材則挾著豐富石種與優美紋路的優點，加上石材獨具尊貴與沉穩質感，多被使用於主要的面材上。在這樣的結構下，施工順序多半是先依結構需求製作出金屬骨架，例如樓梯、櫃體、檯面……等均是焊接好結構後，再至工地現場覆蓋其表面石材，例如踏階面、桌板、層板。

收邊要訣／●若有結構性的接觸，必須使用五金鎖扣做固定，但若是平面的拼接則多半有其他的介質，例如裝飾主牆上的石材多是固定於背牆的木角料上，而金屬鐵件也可另外安裝於背牆上，但要注意彼此間的尺寸搭配，二者交接處的尺寸測量愈精準，則密合度會更好，質感也能表現更完美。●因石材本身極脆弱，工序上都是最後在現場做拼貼，而收邊技巧上無論是金屬或石材最好都事先做好導圓角的設計，以防止尖銳角度造成的安全問題。

磚 X 水泥

多樣圖騰色彩揉和灰色冷調感

磁磚的色彩、紋理恰巧能柔化水泥的剛毅，激盪出新火花。想要營造知性自然氣氛，可以選用木紋、石紋的非亮面磚。喜歡 Loft 不受拘束的奔放，顏色飽和度高，或是普普風的花色磚，立刻能在灰沉的底色中，抓住目光焦點。而表面粗糙的空心磚，其色澤質地與水泥調性一拍即合，所以整體的彩度低，但氛圍是隨興、粗獷的。周邊不妨多增加些透光設計；因為光線不僅能替暗沉空間帶來生氣；光影的位移，也會豐富場域表情。若是採用橘紅陶磚，則可強化出樸素、親和的自然美。

施工注意／●水泥原本就是貼磚之前的必要程序，因此就工序來看，必定是先水泥再磁磚。在磁磚的施作工法上，分有「乾式」、「濕式」、「半乾濕」、「大理石」數種。乾式的優點在於平整度高，磁磚的附著度也較牢固。濕式優點是成本低、施工迅速，大理石工法的優點是可以接受尺寸大跟厚度較重的磚，但因對磁磚的尺寸、對花要求較高，施作速度慢，工資相對也高。

收邊要訣／●側蓋收邊：將一塊磚蓋住另一塊磁磚的側邊，蓋邊方向則須依現場而定。側蓋有時必須送廠研磨側邊，所以必須選用透心石英磚類，這樣才會與正面同色。●收邊條：PVC 塑鋼成本低廉最為常見，施作前可先將邊條結合後的觀感也視為設計的一環，就能避免突兀窘境產生。如果選用的磁磚凹凸面明顯，因加工後不易密合銜接，使用修邊條效果會更好。●尖角相接：指的是於磁磚內側切 45 度角相接，優點是接合面只看到一條垂直線較精緻美觀，但相對尖角較銳利，也容易因碰撞而缺角。

依磚色調選搭玻璃更為協調

玻璃具穿透性的特色,可讓室內外光線順利接軌,也因此是裝修時創造明亮度與寬闊感不可或缺的好幫手。與磚結合時,多半會退居烘托跟配襯的角色,使視覺更能聚焦在磚的變化上。另外,可依磚的色系選用半透光的噴砂、夾紗玻璃,或是單色的彩色玻璃,都能因折射性降低而提升搭配和諧度。而運用不同技法或彩度變化的「裝飾玻璃」,如彩繪、雕刻、鑲嵌玻璃等,會因圖形的變化使空間有活潑的效果,所以周邊搭配的磚材除了可以選用樸素一點的款式之外,有時亦可選用像紅磚、燒面磚這類強調休閒感的款式,反而能強化溫馨跟豐富的氣息。

圖片提供 _ 沈志忠聯合設計

施工注意／●當成隔間或置物層板用的清玻璃,最好選擇 10mm 的厚度,承載力與隔音性較佳。●除了預留適當空隙嵌合玻璃外,安裝玻璃前需要先以合成橡膠墊塊置於玻璃片底部 1 ／ 4 長度位置,且墊塊應使玻璃與框架距離至少 1.5mm 以上,並固定於玻璃之開孔位置上。

收邊要訣／●為了修飾磚跟玻璃的相接處,可以採用鐵件做成燈帶的手法來當做收邊。但要預先埋好鐵件的位置,方便之後走 LED 燈條和鋪磚。

自由混搭打造獨特個性空間

水泥自然不造作的紋路與質地,與混搭性極高的特質,為空間帶來舒適人文氣息。在設計手法上,除了作為清水模牆面,帶來自然質感空間,生活中也常見以鋼構為主要結構,再以光滑模板灌漿而成,例如以鋼構技巧,打造出懸臂樓梯,呈現視覺輕盈感。水泥與鐵件的結合,是營造個性獨特、潮流感的絕佳搭配,像是運用鏽感表面處理的鐵件包覆水泥牆柱,或是自由混搭在寬闊空間中,都能創造穿透與層次錯落的空間表情。具有豐厚度的水泥牆,中間嵌入薄型鐵件,可形成材料多種變化可能,而這也是木質無法完成的任務,希望創造更多想像的居家風格,可透過運用一些顏色鮮明、質感特殊,或是帶有懷舊味道的傢具傢飾做搭配,即能營造出獨一無二的居家氛圍。

圖片提供 _ 尚藝設計

施工注意／●以鋼為結構主體,再使用水泥灌漿,除了可以將水泥封在牆內,並可讓水泥與鋼網緊密結合,不僅可做為空間的牆柱設計,也延伸出鋼構技巧,像常看見的懸臂樓梯,牆、梯面便是以鋼作為主要結構,再以水泥灌漿於表面呈現出輕盈感。

收邊要訣／●鋼骨樓梯在灌注水泥後,樓梯表面必須要再做整平的處理,水泥表面要避免陽光照射,否則易因快速自熱而產生表面裂縫,而樓梯扶手若也是預埋的鋼構,則要確定螺絲或者是鋼柱的位置,避免二次施工,轉角點的收邊也要注意粗糙面或尖銳處所造成的危險。

攝影＿沈仲達

混材設計概念
Point 13　　**磚 X 金屬**

注意主從關係避免空間過於冷調

磚材的燒製技術不斷提升，開始在磚材表面玩起各種創意遊戲，其中仿木紋磚、仿石材磚及仿清水模磚，逼真的質感紋路甚至成為天然素材的替代材質，使磚材與其他材質的搭配性也就更加寬廣。金屬質感冷冽，運用在居家之中表現出現代、個性的感覺，目前較常作為櫃體結構或裝飾修邊。鍍鈦鋼板也是近年從商業空間延伸使用至居家空間的金屬材質，在不鏽鋼表面鍍上鈦金屬薄膜，或者以事先製成形的金屬材質再發色，應用於空間裝飾給人精緻高級的時尚感。而磁磚是燒面建材和金屬雖然本質上有所差異，但皆傳遞出冰冷的特質，搭配時要注意使用比例及主從關係，或者以視覺上較為溫暖的木紋磚搭配，才不會讓空間過於冷調。

施工注意／●金屬鐵件與壁面或牆面結合需鑽孔鎖螺絲固定，因此磁磚與金屬鐵件施作先後順序可以視設計是否要將接合面的螺絲外露而定，像近年流行的工業風以外露結構展現設計風格，便可先施作磁磚工程之後再鎖鐵件，但要留意金屬結構承重的問題，螺絲鑽孔點儘可能在磁磚的接縫處，以免部分硬度不足的磁磚發生破裂的情形。

收邊要訣／●為了美觀及安全必須在轉角處收邊，常見收邊方式大致有：收邊條、內側 45 度角相接以及側蓋邊幾種。●金屬材質經過裁切後會有銳利的毛邊，而且通常厚度愈厚邊緣銳利程度愈明顯，而不鏽鋼質邊緣又比黑鐵更尖銳，因此金屬材質若作為書架、桌面等傢具，會將手經常接觸的邊緣做往內折彎的收邊處理，從側邊看起來會有一個厚度存在。●希望能讓鐵片展現輕薄的視覺感，可以請廠商以打磨機去除金屬邊緣毛刺及尖角，打磨平滑至不會傷手的程度，再經過烤漆處理防鏽並確保使用安全。

粗獷肌理混搭簡約新風貌

水泥為目前建築的主要材料之一，板材則除了作為隔間、天花板材外，主要功能是作為裝飾材用途。原本屬於基礎建材與空間配角的這二種建材，近幾年在追求不多做修飾的設計潮流影響下，漸漸擺脫過去印象，被大量混用於居家空間。相對於水泥的簡單、質樸，板材因構成的材質不同而有較多選擇，常見與水泥做搭配的有鑽泥板、OSB 板、夾板等，其中碎木料壓製而成的 OSB 板及含有木絲纖維的鑽泥板，二者表面粗獷的肌理正好與水泥的不加修飾調性一致，彼此互相搭配能強調空間的鮮明個性，同時又能軟化水泥的冰冷，為居家增添溫度。至於利用膠合方式將木片堆疊壓製而成的夾板，經常不再多加修飾展現木素材天然紋理，與水泥一樣追求反璞歸真的原始感，而且二者皆可作為結構體同時也可是完成面，互相搭配不只能展現材料本身的質樸感，更是簡約風格的新詮釋。

圖片提供＿大名X涵石設計

施工注意／●板材的施工方式大多是以白膠、萬用膠等黏合，再以粗釘或暗釘強化固定，但若是作為隔間牆，地坪為水泥粉光時，建議依坪數大小調整施工順序，考量水泥粉光施作的便利性，坪數小的空間應先進行地坪施工，之後再進行板材隔間施作，坪數較大的空間則沒有先後順序的限制。

收邊要訣／●板材收邊較常出現在製作成櫃體，一般會採用收邊條做收邊處理，大多選用貼木皮收邊條，但如果喜愛天然質感則可選擇實木收邊條，當以板材做成隔間牆而地坪為水泥時，則在二者交接處以矽膠做收邊處理即可。

圖片提供 _ 水相設計

施工注意／●不鏽鋼與玻璃混搭，以正常邏輯來説，由於不鏽鋼材質怕刮傷，必須先做玻璃再做不鏽鋼，但如果是玻璃跨在不鏽鋼上的設計，則必須先施作不鏽鋼。而若是鐵件與玻璃混搭的話，如果是採噴漆方式處理的黑鐵，要在油漆工程之前進場，工廠進行的烤漆處理，則可以在清潔工程之前再上。

收邊要訣／●不鏽鋼與玻璃結合凡是 90 度交界面處，都是以矽利康做收邊。然而鐵件與玻璃結合同樣也是運用矽利康收邊，不過若是施作為輕隔間設計，鐵件當做結構的話，鐵件可打凹槽讓玻璃有如嵌入，記得凹槽溝縫的尺寸要大於玻璃厚度，空隙處再施以矽利康，結構就會很穩固。●玻璃厚度可藉由不鏽鋼板或是金屬條作為修飾，若是單價高又較易刮傷的金屬材，一般都會儘量到工程後期再進行。

混材設計概念
Point 15　　**金屬 X 玻璃**

以結構、裝飾概念搭配打造現代感

鐵件金屬經常被運用於機能性或結構性設計，甚至在裝飾藝術上也廣受重用，舉凡不鏽鋼、黑鐵板、沖孔鐵板、鍍鈦板都是室內空間常見的金屬材質，鐵件金屬的質感有如精品般的精緻，它和玻璃混搭最大的優點是，玻璃有厚度的問題，而不鏽鋼或鐵件可以摺，這時候就能利用金屬做為玻璃的收邊處理，厚度既不會裸露出來，兩者結合又能呈現工業、現代、科技或時尚感各種氛圍。另一方面，金屬的厚度可以作到很薄，僅僅幾厘米的厚度，但同時卻又能擁有相當堅固的結構性，施作為樓梯或是櫃體，能夠為空間帶來細膩的線條變化，抑或是運用結構施工的改變，讓鐵件宛如鑲嵌至玻璃內，加上內藏燈光的設計，創造出獨特的燈箱效果。

最潮混材元素介紹

在進入發想混材設計的階段前，認識材料所能達到的效果十分重要，在這個部分將從金屬、石材、磚材、木與竹、玻璃以及特殊材六大面向，來介紹當今最熱門且具有創意潛力的建材，並邀請設計師分享其混搭技巧以及收邊處理的訣竅。

金屬　》質感堅硬，卻蘊藏無限可能

材質解析

金屬材雖然質感堅硬，但延展性與可塑性高，可以切割、凹折等不同手法，讓造型千變萬化。一般來說，鐵件是金屬材裡較常被使用的材料，因其承重力比起相同體積的實木來得強大，也比系統板材的強度高很多，相同承載量造型卻可比木作更為輕薄，所以常用來打造櫃體結構或是層架。至於鈦金屬是利用金屬在高溫的真空狀態下交換離子的物理特性，將鈦離子附著於金屬表面形成一層硬度極高的保護膜，抗氧耐磨不褪色，因此不只適用於居家，也適合作為戶外建材。價格上鈦金屬遠比鐵件來得昂貴，因此普遍性不如鐵件來得高，但若希望呈現具個性又帶有奢華感的空間，不妨選擇鈦金屬做表現，而價格相對較低的鐵件，雖然質感較為原始、粗獷，但其實藉由電鍍、噴漆或烤漆等表面塗裝處理，也能展現與原始質感迥異的樣貌，並更符合空間風格需求。

○ 優點

金屬本質堅固，因此大多相當具有耐用特性，而其中硬度較高的鈦金屬，不只質輕、延展性佳，且耐酸鹼、表面不易沾附異物，室內室外皆適合使用，至於俗稱為「白鐵」的不鏽鋼，不容易生鏽，還可長時間維持原有的金屬色澤，保養上相當簡單容易。

! 使用注意

鈦金屬硬度雖高，但表面鍍膜一旦受損就無法修補，加上造價昂貴，因此在保養上難免需要小心避免碰撞、刮磨。鐵件的使用普遍，但表面若不經過電鍍、陽極等處理也容易生鏽，因此需定期刷漆做保養。

櫃體門片與石材桌面立面裝飾材利用古銅色沖孔板打造而成,光影效果變化更為豐富。

大型置物架,選用鐵件打造框架,以纖細線條為造型,呈現輕薄與懸浮感。

搭配技巧

空間

大量在空間裡運用金屬,會讓空間顯得較為冰冷,因此使用數量,最好視空間大小、比例適度使用,以免讓居家失去應有的溫度。尤其台灣居家空間坪數通常不大,因此建議盡量選擇輕薄、纖細線條造型,讓空間展現輕盈感,化解使用過多金屬帶來的壓迫感。

風格

因質感特殊,所以金屬往往呈現的多是俐落、簡潔設計,而這樣的設計相當適合極簡的現代風,或者講求屋主獨特個性的工業風、Loft 風,但若是在鐵件上做繁複的雕花造型,則適合運用於古典風格。

材質表現

藉由表面的加工處理,便可賦予金屬不同的樣貌,鐵件可利用電鍍、烤漆等,改變表面不同的質感與觸感,鈦金屬則是透過加工讓鍍膜呈現黑、茶褐、香檳金等不同顏色,不論是質感或顏色的改變,都能讓金屬材在視覺上有不一樣的感受,進而改變整體空間感。

顏色

顏色的搭配與選擇,應視與其搭配的建材或者整體風格,再以烤漆、噴漆等後製加工施作出需要的顏色。不過多數人就是喜愛金屬原始的樣貌,因此在顏色上大多不會做太大改變,大多只在表面塗上做為保養用途的油漆或透明漆。

生鐵

色澤紋理多變、可光滑亦可帶鏽紋

生鐵通常會被認為比較冷調的材料，為雜質較多的炭鐵合金，個性鮮明，且具有自然的紋理與色彩變化，而生鐵是否上漆通常會根據空間各材料的比例而定，也會與空間期待塑造的屬性有關。由於生鐵本身就具有豐富的材質表情，因此當空間中需要大量使用鐵件時，需要選定一處讓其保留最具有張力的表現，而其餘鐵件則可以選擇以上漆的方式，使其色調與周圍環境達到整合，避免材料的表現過於突出，打亂了整體的和諧。

使用要點

如果想讓生鐵的紋路與色澤更加具有時間感，也可以刻意將鐵件置於工廠 2～3 個月，當鏽紋達到一個理想的狀態，再將鐵鏽適度的抹除，並塗上透明的防鏽漆，便能保有具有仿舊感的鐵件，也不用擔心會繼續鏽蝕下去。

設計師的話

合風蒼飛設計＋張育睿建築事務所／張育睿：

「鐵件的烤漆最好是能在工廠完成，如果要在現場施作的話，就要打造一個無塵的空間，不然烤漆就很容易失敗。」

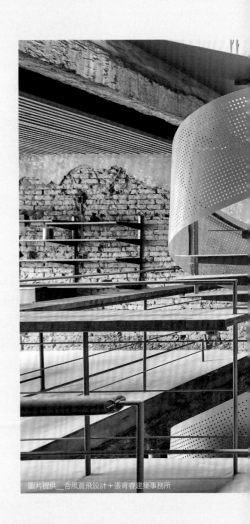

圖片提供＿合風蒼飛設計＋張育睿建築事務所

收邊處理／金屬與其他材質的收邊可仰賴預留空間縫隙來完成，縫隙產生的陰影能帶出材質接觸面的立體差異，成為一種無形的收邊材。

生鐵混搭灰牆、混凝土襯出原始粗獷氣息

採用大量體的生鐵做為牆面，構成提供顧客使用的廁所，生鐵本身具有多變的色澤紋理變化，故個性十分強烈且鮮明。一旁的大片落地窗面，引進了充沛日光，當日光灑落在鐵件上所造成的輕微反光，亦有使大面積生鐵的量體輕化的效果。周邊以溫潤的杉木材質與之混搭，緩和金屬的冷硬；此外，從地面延伸至壁面的混凝土材質，帶有與生鐵共通的粗獷語彙，兩者的交接處儘管無特別收邊，亦無違和之感，而是讓低調樸實的飲茶形象更加鮮明。

圖片提供＿水相設計

以生鐵、鋼瓶形色打造氣體實驗室

有別於傳統辦公空間樣貌，設計師以無形氣體的揮發性，搭配有
形容器的元素組構，將高科技氣體公司的會議室，打造成形象識
別度高又貼近產品軸心的獨特風格。運用回收鋼瓶，並將部分鋼
瓶剖切後排列，結合傳輸氣體的金屬管，訂製成大玻璃桌的支撐
結構，橘色防鏽漆呈現裸妝瓶身的素色原貌，與之呼應的則是電
視牆與彎曲板弧牆，由深咖至橘色的漸層色彩，隱喻著氣體粒子
在空氣中擴散揮發狀態，左側生鐵牆則穩穩地將工廠與實驗室那
份粗獷與重量感展現出來。

收邊處理／以回收鋼瓶與金屬管打造的
桌子底座，由於整個結構量體較大，因
此大部分的裁切、焊接皆預先在工廠完
成，僅留最後局部銜接在現場點焊完成。

生鐵 X 磚牆

以灰階整合鐵件與磚牆，維持靜謐調性

圖片提供＿合風蒼飛設計＋張育睿建築事務所

以體驗飲茶文化為主軸的空間，最重要的便是避免材料的張力破壞了寧靜沉澱的氛圍，以鐵件製成的樓梯具有十分強烈的結構感，為了回歸內斂且不張揚的氣質，刻意以彎曲的網格板展現軟性的張力，緩和其整體重量，並以灰色烤漆包覆冷硬的鐵件原色。灰色的旋梯、混凝土牆、灰調磚牆雖各為不同的材質，卻以灰階的色調相互整合與搭配，讓材料本身的質地滿足視覺的豐富性，十分細緻且純粹，絲毫沒有打亂茶室空間應有的靜謐與平衡。

收邊處理／原本作為基底結構的磚牆鋪置鮮少平整，若想使其外露，若想銜接異材質，會建議以木素材為主，或者直接讓材料相撞，避免多餘的收邊材導致人為感。

生鐵 X 礦物塗料

礦物塗料營造時間感，生鐵面材展現內斂紋理變化

在簡約靜謐的空間中，以礦物塗料於塗抹時會產生的不均勻肌理堆疊出時間感，在自然光的照耀下，凹凸面會生成豐富的明暗變化，深化了空間的延伸與層次感。視線末端的鐵件牆面內部是一個儲藏室，門面是由純生鐵製成的，在極簡的空間當中，展現細微的色澤紋理變化，能成為空間中的亮點，卻不會過於喧嘩。設計師於其上刻意保留一段區間，並設計了鐵件爬梯，可讓孩子們爬上去玩樂，成為空中的遊戲間，父母也可以隨時照到孩子。在單一場域中，製造出高低的落差感，卻不阻礙視線，使家人成員即使在不同高度的空間中活動，也能感受到彼此的存在。

圖片提供＿合風蒼飛設計＋張育睿建築事務所

收邊處理／鐵件與牆面之間並沒有鎖螺絲進行固定，而是將整個鐵件櫃體製作好後，直接放置嵌入壁面的凹槽中，因為鐵件自有重量，加上兩邊皆有壁面靠攏，因此無須擔心會左右跑位。

生鐵 X 清水粉光 X 實木木皮

圖片提供＿石坊空間設計研究

圖片提供__石坊空間設計研究

生鐵混搭清水粉光,光線轉換室內氛圍

屋主希望起居空間能兼具現代 LOUNGE 風,因此用清水粉光量體加上鐵件做為空間形塑主軸,傾斜的水泥量體進行粉光處理不致太過冷冽,再利用挖空的概念嵌進鐵件櫃子做為收納空間。由於清水粉光量體與鐵件顏色較為深沉,長廊加入淡色木紋元素增加空間的溫潤感,而此空間在自然光與室內光源下即可呈現出不同的視覺效果。

收邊處理/鐵件與清水粉光量體間不留溝縫,在水泥第一層打底確定平面後,將鐵件嵌入後再抹一層水泥收邊,避免兩者之間的縫隙過大。

鍍鈦

客製金屬光澤及特殊紋理的飾材

鍍鈦板為一種環保耐用的金屬裝飾板材，利用真空離子鍍膜技術，將鈦離子附著於不鏽鋼表面，由於製作過程屬於物理加工，可避免化學電鍍所產生的廢料。鍍鈦板可鍍上的金屬色澤選擇多元，例如金色、銅色、香檳色……等；此外，在紋理質感也能有多種表現，可依照不同的粒度進行研磨加工，製成毛絲面、鏡面、霧珠、亂紋……等不同效果。在空間中經常使用於櫥櫃飾邊、窗框、門框……等處，裝飾效果十分出色。

使用要點

鍍鈦並不適合用於浴室內，因其具有容易沉積水垢的問題。而鈦金屬的硬度雖高，但如若有了刮傷卻很難修補，因此保養上需要特別注意避免碰撞。

設計師的話

工一設計 One Work Design ／張豐祥、袁丕宇、王正行：「**鍍鈦表面帶有光澤感以及對光線的高反射性，能進一步使空間層次更為豐富。**」

紅銅鍍鈦　X　混凝土

紅銅鍍鈦呼應包裝，與混凝土撞擊衝突美感

甫入門便能看見與地面無縫銜接的混凝土底座吧檯，桌面以鍍上紅銅色的鍍鈦板表現，其靈感來自於盛裝茶葉的罐子，亦多為紅銅或者黃銅色澤的金屬材，因此將該元素提取出來，成為空間色彩計畫的一環。在粗獷、看似不修邊幅的空間中，局部採用金屬面材做妝點，能為空間注入一絲內斂的尊貴感。

圖片提供＿合風蒼飛設計＋張育睿建築事務所

收邊處理／水泥易受潮，因此通常會凹凸不平，施工時需注意表面的平整，而水泥與金屬面的結合需考量其承重力，避免在灌注水泥後產生銜接面的裂縫。

鍍鈦 X 皮革

鍍鈦結合皮革，帶出不喧囂質感與美感

工一設計 One Work Design 設計師張豐祥表示，屋主本身有騎腳踏車的興趣，在規劃之初便提及要有一處收放腳踏車的空間，在不需設立電視主牆的需求下，轉而將它用來展示腳踏車的端景牆。為了呈現出輕盈的感受，設計者以鍍鈦來做表述，貼近牆面處以槍色系（即比鐵的原色再亮一些）為主，掛件則帶點銅色系，除了本身紋理，鍍鈦具備的光澤感以及對光線的高反射性，也進一步讓空間、視覺更具豐富的層次。擔心經常掛置腳踏車會使鍍鈦產生刮痕，還特別在掛處同樣做了溝縫並將皮革嵌入，看似收邊裝飾，但背後還有更深一層的保護意義存在。

圖片提供＿工一設計 One Work Design

收邊處理／利用雷射雕刻製造出一橫一豎的溝縫紋理，可將鍍鈦板與扣件做結合，其扣件主要用來掛置腳踏車，因質地亦屬堅固，特別加入了皮革作為中介因子，以防止磨擦碰撞產生的刮痕。

鍍鈦金屬板 X 木皮 X 水泥

延伸室外的和風聚焦門面

72 坪的兩層樓日式火鍋店鋪陳質樸水泥粉光作背景，淺色美檜實木格柵圈圍空間，鍍鈦材質點綴其間，混搭出和風餐廳的高雅、精緻屬性。入口大門則沿用這三種材質，同時以凹凸立體木作拉高門簷，暗喻此處別有洞天，在灰色大樓外觀中格外凸顯，達到聚焦、吸引人潮效果。

收邊處理／大門處長型斜面貼上 0.3mm 古銅色鍍鈦面材裝飾，同時延伸鋪貼與木質銜接的凹折轉角，利用其輕薄特性解決異材質收邊問題。

圖片提供＿大名 X 涵石設計

鍍鈦板 X 磐多魔 X 洞石 X 實木皮 X 皮革

圖片提供 _ 石坊空間設計研究

鍍鈦板混搭磐多魔、洞石，精工手法烘托氣勢

此案例採用異材質精工手法表現，地板選擇磐多魔以工法產
生如山水畫般的肌理紋路以配合屋主的中式收藏，兩旁陳列
櫃則是用鍍鈦板在工廠完成整座基底後，再以吊車吊上來用
皮革與木皮做異材質包覆，上方天花板鑲以鍍鈦板除可呈現
陳列櫃的雕塑質感，也解決低樑問題。牆面則鋪上洞石，因
洞石會有毛細孔呼吸的問題，需與牆面脫開 3 公分再做鐵件
嵌入，此類異材質精工的設計手法較適合於大坪數空間。

圖片提供 _ 石坊空間設計研究

收邊處理／磐多魔施作時是液體狀很難界定邊界，可利用很細的矽利康收邊，需注意磐多魔因工法不同會產生抹痕紋路，但日
後也會因為使用出現微小細痕，能否接受因人而異，施作前需先與屋主溝通。

鍍鈦金屬板 X 鋼琴烤漆 X 木皮

圖片提供_大雄設計 SNUPER DESIGN

異材質積木概念，堆疊樂高床頭壁板

由於小朋友年紀尚幼，小孩房短期間轉為親友拜訪可休憩落腳的客房用途，為了在這過渡時期令空間具備功能兼容性，床頭壁板選用三角形拼貼方式，運用木皮、鍍鈦金屬板、烤漆呈現的立面凹凸構成，木色為主、不繡鋼色與白色輔助，混搭出沉穩氣息，低調模擬樂高積木堆疊的趣味意涵，貼心為未來孩子入住做準備。

收邊處理／為了令樂高積木的立體印象更加寫實，床頭拼貼材質厚度不一，特別無收邊處理、做出凹凸立體拼貼感。

鍍鈦金屬板 X 板岩磚 X 鐵件

圖片提供_藝室內設計

現代休閒風湯屋寢區

以湯屋為氛圍主題的寢區，大膽採用鍍鈦金屬板做床頭板材，與板岩磚電視牆遙相呼應，軟裝、木質素材穿插其間，點綴暈黃光源，全室融入冷冽與自然休閒元素，讓人彷彿身處山中、感受到呼吸新鮮空氣的心曠神怡。床邊臥榻的鵝卵石乾景則可穿透玻璃、成為外頭廳區一隅造景，打破室內外界線；電控玻璃可視情況調整為霧面或清透，使用相當便利。

收邊處理／電視牆機櫃為鐵件粉體塗裝，保留粗獷質感，預先裝設完成後預留地板厚度，最後安裝時才能將拉齊高度、無縫接軌。

鋼

與生俱來的剛硬語彙

鋼材為一種十分常見的金屬建材，基底元素為鐵，可與其他不同元素合成具有不同承重力以及軟硬度的鋼材。其中最普遍的便是碳元素，按照其含量可分為低碳鋼、中碳鋼以及高碳鋼分別適用於不同的領域。由於鋼為鐵與其他元素的合金，因此通常鋼的耐鏽度較高，且可焊度也較佳。除了經常作為空間的基本結構材以外，如今烤漆、鍍鈦的技術愈來愈成熟，鋼材的面貌也隨之變得多元，可藉由上色的加工過程為空間帶來豐富的裝飾效果，並兼備穩固空間結構的功能性，可謂一舉兩得。

使用要點

厚度 3～25mm 的鋼板為中厚板，25～100mm 則稱為厚板，超過 100mm 的為特厚板。而現今用於建築工程的居多為中厚板，若厚度不足會導致承重力不佳，反之或誤選了過重的鋼板也會導致結構力的失衡，因此鋼板的厚度於使用上需特別注意。

設計師的話

水相設計／李智翔：「**鋼材可藉由不同比例的合金而具有不同的軟硬度，可彎曲易焊接的特性，使其經常成為旋梯的結構材，而經過烤漆工程後亦不失裝飾性。**」

黑鋼構 X 橡木

圖片提供＿森境＋王俊宏室內設計

黑鋼構層架注入溫潤質感

在機能和美學中要取得平衡，得先回歸使用者的需求和生活習慣，因此同樣是開放層架設計，會隨著屋主喜好構築各異其趣的空間表情。而「鐵」作為室內設計素材有管料、方料、板料等多種形式，此單品便是採用板料輔以橡木的木質肌理，打造開放式鋼構層架屏風作為客廳與餐廳間的隔斷，為靜謐空間點綴些許禪意。

收邊處理／以鐵件為層板時，與物品接觸時易造成較大聲響，加上木作板材如：橡木，能解決此一問題，也可使擺放物件的穩定度較好，而鐵件和木材兩者以接著劑接合即可。

圖片提供＿水相設計

以軟性材料中合鋼瓶的剛硬印象

此為一間販售高科技氣體的辦公室，以「科學」為主要的概念，擷取了其生產鏈上會出現的材質作為訴說空間故事的主角。作為桌面底座的鋼瓶為該公司用來盛裝氣體的容器，此時轉化為桌子的結構材，鋼的堅硬對比以清玻璃製成的桌板，不僅表現材質軟硬的衝突趣味，也扣合了「實驗室感」的訴求。在冷練的空間中，輔以草綠色的木地板為空間注入些許溫潤調性。空間中的另一項亮點為帶有金屬質感、由橘轉黑漸層烤漆的可彎板，以其流動性隱喻不同溫度下氣體的存在方式。

收邊處理／在安裝及銜接鋼材與玻璃時，需十分小心輕放，並且避免摩擦而產生刮痕。

熱軋鋼板

熱軋過後利於塑形

鋼材的加工處理有冷軋與熱軋，冷軋是在再結晶溫度以下進行的軋制，而熱軋則是在再結晶溫度以上進行的軋制。其中將鋼板加熱到 1,100～1,250℃ 時進行軋制工藝，即為熱軋；經熱軋過後的鋼材強度夠、韌性佳，容易加工成各種形狀，再加上其焊接性良好，也容易和其他金屬材料相結合，因此被廣泛地被運用，如：建築、橋樑、道路護欄、鋼管……等。

使用要點

由於鋼板相當堅硬，經裁切出要使用的樣式後，更是要留意邊、角，建議一定要打磨，以針對使用安全進行一層保護，才不會讓材料過於鋒利部分產生傷害。

設計師的話

CUN 寸 DESIGN／崔樹：「**鋼材本身就具堅硬、鋒利感，經熱軋過後利於塑形，可以將現代、未來感突顯出來。**」

熱軋鋼板 X 石材

熱軋鋼板與石材，引出空間未來感

「柳宗源北京攝影工作室 UTTER SPACE」共有 3 層樓，其中 3 樓是一個充滿力量感的建築頂樑的空間，為了呼應這股感受，CUN 寸 DESIGN 創辦人崔樹嘗試放入了熱軋鋼板與石材兩種材料，透過這兩種質地皆為堅硬、深邃的材料，與結構產生對話同時也引出那一分暗黑力量。由於熱軋鋼板的可塑性強，也藉此塑造出許多有趣的造型與線條，與桁架結構相呼應之餘也間接帶出未來感，置身其中彷彿穿越另一個時空背景裡。

收邊處理／熱軋鋼板以焊接方式與桁架結構相互銜接，並以打磨方式修飾邊角；石材則是以鑲嵌方式置入水泥地坪裡，利用原有的桁架結構做收邊。

圖片提供＿ CUN 寸 DESIGN

圖片提供＿CUN 寸 DESIGN

圖片提供＿CUN 寸 DESIGN

銅

能展現出時間感的質感金屬

純銅本身屬於柔軟的金屬,切面會帶有紅橙色的金屬光澤,延展性、導熱與導電性皆十分良好,除了作為電纜、電子元件的常用材料,也經常使用於建築空間中,需要注意的是,純銅並不適合直接加工,因其材質過軟,韌性較大,會導致加工面不夠光亮,此時可加入鋅製成黃銅合金,增加其強度,便可得美觀的加工面。近年來,復古潮流興起,銅取代金成為更加熱門的裝飾材,由於銅具有會隨著時間遞嬗產生色澤變化的特性,是許多人喜愛用銅的原因之一。

使用要點

紅銅即純銅,又名紫銅,具有很好導電性與導熱性,塑性極好,易於熱壓和冷壓力加工,黃銅由銅與鋅所組成合金,有較強耐磨性能,強度高、硬度大、耐化學腐蝕性強。

設計師的話

水相設計/李智翔:「**鍍鋅的銅色與真實的純銅還是會有質感上的差異,純銅經過時間的遞嬗,肌理與色澤都會產生變化,能為空間帶來更有深度的時間感。**」

銅 X 壓克力板 X 沖孔板

圖片提供_水相設計

古銅銜接清透壓克力板形塑明淨感性氛圍

位於大陸北京的水相事務所,為一間年代久遠的中藥材店,為了以材料陳述品牌的源遠流長,選用了古銅材質來鋪設壁面與桌面,期待銅能隨著時間而刻上日子的痕跡。此外,銜接了可半透視的沖孔板,營造若隱若現的視覺感,增加神秘氛圍,下方以壓克力板製成的方格展示櫃與之結合,展現有如實驗室一般的明淨感,而銅的獨特色澤又能有效地緩和了冷練感,讓空間既具備儀式感亦不失感性。

收邊處理/由於純銅的質地較為柔軟,在厚度較薄的情況下較容易變形,因此要將其與木作壁面貼合時,需小心防止其扭曲變形,以防其與木作板中間留有縫隙,使黏著度打了折扣。

圖片提供__水相設計

圖片提供__水相設計

隨晝夜時光流轉的立面變化

向地底挖深的階梯教室，平時作為閱讀空間，階梯座位以看起來舊舊的、色彩濃淡不均質的淺鵝黃石材打造，部分台面混搭嵌入暖色木頭，有如隱入壤土溫暖質樸的懷抱中，其間並穿插灰色皮革軟墊作為低調跳色點綴。銜接萊姆石壁面的局部透明天花，像似開鑿一方狹長天井向外引光，即使在無開窗的室內仍能感受晝夜光線的節奏變化，牆上一幅由黃銅打磨拼接而成的長形「畫作」，隨著一日日歲月洗禮後產生金屬自然氧化風貌，成為靜默卻富生命力的牆面表情。

收邊處理／純銅的延展性佳，為了避免製成薄片過程時扭曲變形，可加入鋅成分加工成黃銅合金，使材質強度增加並更好塑形。

黃銅 X 舊木 X 鍍鈦板 X 夾板

明暗對比表達視覺層次

斜切線條玄關透過材質延伸，引導視線與路徑，打破公共空間的場域限制。客廳與餐廳採開放式設計，一鏡到底模式釋放場域的完整性，而多種建材混搭其中，則以舊木、超耐磨木地板、水泥色天花的低彩度對比黃銅片、土耳其藍等鮮豔設色，明暗跳色達到有序的空間層次，令視覺豐富而不雜亂。

收邊處理／舊木斜拼牆面視電視主牆也是收納櫃門片，由於舊木大小、厚薄難以預估，拼組完後需確定不會卡住難以開關，開口凹槽也得視情況調整位置。

圖片提供_大名 X 涵石設計

圖片提供 _ 開物設計

多層次線條點綴黃銅，凸顯復古結構美感語彙

由 1920 年代的風格做為定調，置入 Art Deco 語彙，例如
斜角、金色、尖角、對稱等元素，因此餐廳旁的門扇以對
稱為設計，刻意作出的立體門斗，展現了復古年代常見的
多層次線條感，斜邊利用黃銅與鏡面作出異材質拼接，加
上門斗上方中段利用前後角度錯位呈現斷層的虛實穿透效
果，而橫互於客餐廳間的樑，更是設計師的巧思，讓空間
富有層次與大器之姿，反而淡化真實大樑的存在，木作假
樑同時以線條、黃銅材料創造古典結構美感。

收邊處理／黃銅厚度比鏡面薄，必須先算
好鏡面與底板的厚度，再計算黃銅厚度要
留到多少，鏡面則是導斜邊與黃銅平接。
木假樑留出 1 公分左右深的縫隙之後，再
嵌入黃銅條固定。

鋁板

圖片提供＿水相設計

展現工業、科技感絕佳的金屬材

鋁板是指用鋁錠軋制加工而成的矩形板材，其中又分為純鋁板、合金鋁板、薄鋁板、花紋鋁板……等多種選擇。鋁成為世界上運用最廣泛的金屬之一已經不是新鮮事了，過去多為工業用材，但將其用於空間中作為裝飾材是近幾年愈來愈流行的作法，特別是在辦公空間、商業空間……等，表現較為時尚冷調的風格。如今鋁板不一定是純鋁製成，也可以採用陽極電鍍的方式以其他金屬表面呈現鋁的質感。

使用要點

鋁板通常會具有優良的表面處理，包含塗覆、電鍍等，經過陽極處理的鋁表面可產生不同色澤、硬度的鋁膜，可適應各種用途。

設計師的話

水相設計／李智翔：「**若於鋁板的表面加上各種不同的表面處理，其耐蝕性會更佳，可於室外及較惡劣之環境中使用。**」

鋁 X 黑鐵

波浪鋁條面板混以黑鐵邊框，完美聚焦

這是一間具有 40 年歷史的進出口五金貿易商辦公室，試圖顛覆傳統的工作環境，在選用材料時希望能扣合品牌所販售的商品，重現品牌的形象，因此多選用金屬或者工業用材，例如陽極電鍍鋁料、輕鋼架骨料、鐵件……等，入門的門面即是一大面由鋁料排列而成，有如波浪般的面板，經過精密的計算，每一根鋁條都僅具有微小的角度差異，使其起伏變化更加細緻，外邊框則以黑鐵進行收斂，將視覺的焦點得以聚焦於波浪面板，鄰近的櫃台同樣以黑鐵作為面板，讓材質得以在空間中相互呼應。

收邊處理／在製作鋁料面板時，由於是透過鋁條排列而成，在與外框嵌合時，可以藉由雷射切割出溝縫的方式，但角度皆需計算精準，以免最終排列成果不如預期。

金屬板

可塑性強能變化出多種形式

金屬板主要是以金屬為表面材料複合而成的板材，材質種類包含：鋁、銅、不鏽鋼、鋁合金……等，常拿來作為牆面、天花板的裝飾材。由於金屬板的可塑性強，可以透過加工處理製造出不同的樣式出來，如鏤空雕刻圖騰、編織樣式……等，甚至也能與光源結合形塑成燈具。

使用要點

金屬板在鋪設於牆面時一定要注意其平整性，貼覆時才能完全密合，不會出現凹凸不平的情況。另外在吊掛安裝時也要注意承載性，以及五金零件是是否有完全鎖緊，才不會出現鬆脫意外。

設計師的話

壹正企劃有限公司 One Plus Partnership Limited ／羅靈傑、龍慧祺：「**金屬板表面呈光滑狀，具反射效果，經由不同斜度、角度的置放，再搭配照明投射，就能帶出不同的光澤效果。**」

金屬板　X　磁磚　X　特殊漆

光影折射凸顯異材質紋理

臥房與小客廳間以拉門區分內外，在開放式狀態則利用地面黑色磁磚帶作隱性分野。主臥透過暈黃光影照射，凸顯壁面特殊漆紋理、人字拼層次，更在金屬櫃體材質上層層暈染，為整體睡寢空間帶來低調奢華的精品主臥情調。

收邊處理／特殊漆壁面內嵌金屬條，於手作施作立面切割出不同比例變化，並在燈光映照下呈現出隱約的反射，在空間細節處更顯精緻。

圖片提供＿大雄設計 SNUPER DESIGN

圖片提供／享正企劃有限公司 One Plus Partnership Limited

金屬板 X 雲石 X 絨毛布料

運用本身的光感面，達到提亮空間的效果

此空間以雲石作為天花板主材質，其本身就是帶有橙黃色澤與紋理，因此搭配相近色系、由金屬板製成的燈具，讓色調彼此呼應，另也輔以光的投射帶出石材、金屬各自的光澤效果，以達到提亮空間的作用。對應至沙發區，因該區以絨毛布料鋪陳整體，光帶微微灑落而下，也間接映襯出絨布的漸層亮面，讓空間質感再次做了提升。

收邊處理／雲石、金屬板燈具透過吊掛方式銜接整合彼此，透過錯置方式巧妙將兩者收攏，再延伸到下方的絨毛布料則透過光投射出的光澤效果，將兩相異的材質匯聚在一塊。

金屬板 X 石材薄片 X 特殊漆 X 木皮

圖片提供＿大器設計 SNUPER DESIGN

自然色系過渡，呼應山居內外氛圍

住家位於山上，設計師特別選用大地色、金屬色等材質本色，令室內與周遭戶外環境相呼應，打破實體隔閡、達到視覺與體感上的自然延伸，營造山林特有的休憩放鬆氛圍。櫃體從灰白特殊漆機櫃延伸木皮櫃體，層板間背牆鋪貼石材薄片、木皮過渡，再以金屬條錯層裝飾，自然質材透過完美安排、拼接，搭配灰調沙發軟件，為居家帶來幾分揉合自然的精緻、溫暖氣息。

收邊處理／客廳的異材質混搭展示櫃中，石材薄片與木皮背板交接處施作時有預留溝縫處理、方便拼接，讓過渡更加自然。

金屬板 X 石材

圖片提供＿壹正企劃有限公司 One Plus Partnership Limited

彎曲金屬板與石材，讓水流線條更加地生動

柳州金逸影城位於廣西柳州，由於城市被柳江所環繞，故壹正企劃有限公司 One Plus Partnership Limited 以江水彎曲作為概念，曲線河道像極了電影膠卷攤開後綿長的樣貌，再者也能把當地意象一併融入，使影城的座落更加貼近在地。設計者將金屬板做成多種形狀的曲面造型，透過高低錯落的組合方式，讓這些金屬板整合成具動感的水流線條。設計者特別金屬保留了本身的顏色，在表面加以做了亮面、霧面處理，搭配燈光的折射，宛如陽光照射在水面上波光粼粼的樣子。金屬勾勒曲線河道，河道周邊的石礫則由石材來做鋪陳，在局部牆面上貼覆了石材，把水道意象推向極致，更透過另一種深邃與剛硬帶出質地的多種感受。

收邊處理／加以留意牆身的石材與金屬板之間斷口處的收邊處理，最終再讓兩種質地不同的材質銜接在一起，展現最俐落的韻味。

金屬板 X 石材

金屬與石材交織，突顯山峰的錯落感

此周大福門市位於重慶，由於重慶是一座山城，城市建在起伏的山間，計師便將重慶山地的地形融於設計中，讓這家門店別具一格。首先在背景牆上運用一款偏綠色的雲石來表現這種自然的地理關係，另也搭配金屬板勾勒出山峰意象。至於在天花板、櫃檯亦用了金屬板來做表現，一個個盒子與櫃子，有方正之餘亦隱含了山峰形態簡化成造型各異的三角形，不僅巧妙地錯落地分布其中，更讓這些意象語彙，清晰又充滿力量。

收邊處理／壁面金屬板從地面延伸至天花，頂端處利用燈帶進行收邊；金屬盒子與櫃子則利用金屬本身的延展性彎折出造型，拗折時留意邊縫、折角處，並加以修飾，讓塑造出來的造型更加立體與美觀。

圖片提供＿喜正企劃有限公司 One Plus Partnership Limited

沖孔板

孔洞排列可規律亦可客製圖案

沖孔板是將金屬、木質等建材以機器壓製沖孔而成，可製造出圓形、橢圓形等孔洞，起初常見用以作為建築營造的基礎材，而今卻有愈來愈多設計師將其視為用途多元的裝飾材。其孔洞的大小並非只有單一規格，具有不同的疏密與排列，可因應實用目的或者風格需求進行選用；例如 5mm 左右的沖孔板可作為吸音材，若加以黏貼上吸音棉，便能擁有良好的隔音效果。

使用要點

若使用於戶外，會建議選擇以耐候性高、防鏽力較強的不鏽鋼所製成的沖孔板，此外，由鍍鋅板所製成的板料不僅具有防鏽功能，價格也較為經濟實惠，同樣適合用於室外空間。

設計師的話

水相設計／李智翔：「**沖孔板本身除了規律而有秩序的排列，亦可客製圖案，呈現特殊的視覺效果，無論是作為櫃體門、屏風等處，都能表現豐富的視覺感。**」

沖孔板 X 竹皮 X 石材

圖片提供 _ 水相設計

融匯文化性與現代感材料語彙

位於大陸福建萬科的書簡聚落，以古銅色的沖孔板作為石材桌面的立面裝飾材，沖孔板的存在使光影的效果更加多變，石材桌也顯得更加立體而非平面化，位於後方的櫃體門片同樣為銅色沖孔板，使材料得以隔空遙相呼應。背牆鋪設了具有拓印效果的竹皮，由於福建的竹藝源遠流傳，因此決定將此文化元素植入空間中，使空間更具備文化的深度意義。染紅後的竹皮雖然失去了竹的原色，卻保留了竹的肌理，而惹眼的紅能同時讓人聯想到傳統喜氣的意義，同時表現了具未來感、現代主義的材料語彙。

收邊處理／在裝上沖孔板時，可藉由穿孔鎖螺絲，或者以焊接的方式進行固定，同時在壓軋沖孔板時，需預留邊隙，避免安裝不易。

沖孔金屬網 X 預鑄木紋水泥板 X 霧面金屬架

圖片提供＿水相設計

光影魔術，詮釋材質、閱讀空間

位於地下室的攝影師工作室，光源的配置非全室均勻打亮，而是以攝影光圈的理論基礎，透過光影交錯／暗面與亮面的對比，來詮釋不同材質的肌理調性。預鑄水泥板拼貼而成的背景牆，灰階配色有如一張靜默黑白照片，仿木紋磚面經由頂光照射，強化了凹凸陰影立體感。消光霧面金屬打造而成的六座書架，採用圖書館式的平行並列方式，利用光束穿越沖孔網的長圓形網目，將光影篩落至水泥磚、灰木紋地坪，以及兩側如投影屏幕般的白色木作門片上，光影拉長了空間深度，也將每個瞬間凝結為框景下的藝術。

圖片提供＿水相設計

收邊處理／木紋水泥板質地輕，便於直接黏貼固定於牆上，施工時注意黏貼牢固強度即可。由於表面具凹凸紋理，因此接合拼貼後不需再經過批土收尾手續便可完成。

六價五彩鍍鋅／
三價五彩鍍鋅

自帶彩虹流動色紋的金屬面板

在鍍鋅鈍化中，鍍鋅之後的六價鈍化是一種
傳統的工藝做法，能使金屬獲得較佳的抗蝕
性，並且能展現多種金屬色澤，如同銀白、
五彩、草綠……等鈍化膜色，而近期發展出
來的三價五彩鍍鋅，相較於傳統的六價五彩
鍍鋅，色澤的變化更加細緻內斂，對於環境
的污染程度也降低了許多，往後替代傳統的
六價五彩鍍鋅勢必為一種趨勢。

使用要點

三價五彩鍍鋅雖然能減輕對於環境的傷害，但
由於其不如六價五彩鍍鋅一般具有氧化性，因
此其產生的鈍化膜亦無自我修復的能力，因此
在養護上需要花費較多的心思。

圖片提供／共序工事

設計師的話

共序工事／洪浩均：「**六價五彩鍍鋅過去只用
於五金螺絲的外膜，而其有如彩虹般的色澤其
實十分適合成為空間中裝飾的元素，將其運用
於建材上是一種新的嘗試。**」

三價五彩鍍鋅 X 紅磚 X 鐵件

彩虹色澤也能成畫，紅磚背牆襯托金屬細膩紋理

鳳嬌催化室中採用質感較為細膩的三價五彩鍍鋅製作牆面展示面板以及櫃體的飾面，彩虹光澤的變化較為內斂，與粗獷的紅磚背牆相映出材質的衝突美感；此外，特別訂製線條細度皆僅有 6cm 鐵件框架作為兩者之間的媒介，可供三價五彩鍍鋅展示板掛置於上，同時以架設軌道的方式使鐵件得以懸吊於磚牆，以靈活機動的方式結合了三種不同的材質，讓材質的激撞道出鳳嬌催化室樂於實驗且富有藝術性的精神。

收邊處理／若要作為桌板或者櫃體的飾面，在接縫處可以矽利康作黏合，盡可能將邊縫縮至最小，塑造一體成形的視覺感。

鍍鋅鐵板

鍍層鋅有效防止鐵板氧化與鏽蝕

容易鏽蝕是鐵板的最大缺點，為能有效防蝕，在鐵板表面鍍鋅，是最經濟又有效的方法，即將鋅原子密布於鋼板表面，使鋼板不與空氣、水氣直接接觸。由於鋅原子活性高，易於替代鐵接受氧化成為氧化鋅，而後密布於鐵板表面隔絕空氣水氣，即使鍍鋅鐵板因鋅層刮傷或鐵板剪斷面裸露，傷口旁之鋅會先溶化變為鐵之替身，藉以保護鐵材不受腐蝕。

使用要點

在鐵的表面電鍍或熱浸鍍上一層鋅，藉由氧化還原電位的方式以鋅來防止鐵的鏽蝕。一般這類的材料，鍍層通常不會很緻密，因此空氣、水氣等會因時間慢慢滲透其中，仍會出現生鏽情況。建議像這類材料在銲接後一定要在銲接點做物理防鏽（如上漆、上油等），若發現生鏽了，可先用工具把氧化層剷除，再補上漆（先紅丹再補其他顏色），可有效防止生鏽。不過，漆料會隨時間而劣化，建議定期刷漆，藉其保護鋼材，以降低鏽蝕的情況產生。

鍍鋅鐵板　X　夾板染色　X　六角地磚

多元素材點出住家混搭工業風主題

玄關處設定正對大門的鏽鐵櫃作入口處最具存在感的視覺主角，一旁鞋櫃則採用鍍鋅鐵板平衡視覺，規劃為三門片櫃體設計、方便歸類收納，W波浪造型也為平滑金屬量體帶來有趣的視覺變化。而大門利用夾板染色，選擇藍色帶灰的仿舊處理，搭配鉚釘裝飾細節，呼應此區的金屬調性，點出混搭工業風主題。

收邊處理／選用三種紋路、顏色的六角地磚以不規則交錯方式拼貼而成，令空間低調又帶點隨性設計感。由於此處有稍微降低高度方便集塵，鍍鋅櫃下方在泥作施做時需預先保留內嵌板材深度。

圖片提供_大名X洺石設計

不鏽鋼

質感輕盈，可做各種塗裝

不鏽鋼（俗稱白鐵）具有高度抗蝕性強且不易氧化的優勢，關鍵在於施作過程中於鋼的表層添加鉻元素（Cr），使其外層形成透明的氧化鉻抑制氧化的產生，因此相較其他金屬，不鏽鋼的耐用、抗腐蝕特性能更廣泛的運用相當廣泛，加上質量輕盈卻又堅固，因此用來承載重物時，不須太厚即可有效支撐。

使用要點

在挑選不鏽鋼金屬時，設計師除了在乎比例美觀，還須考量使用安全性，例如作為層板，則建議厚度至少要達 5mm 並做邊緣導角，以防人碰撞受傷。

設計師的話

水相設計／李智翔：「**使用不鏽鋼包覆木材時，使用黏著劑之外，也可利用卡扣、鎖釘等方式，加強兩者之間的緊密度。**」

不鏽鋼　X　橡木木皮　X　白漆木格柵

用異素材直橫線條，巧妙引導觀景視線

與主臥起居間相連的迷你吧台空間，側面開窗令觀音山盡收眼底，使其成為此區空間主景，簡潔德國中島廚具與之內外呼應，碰撞出自然與現代視覺衝突感。場域兩側設置為層架、暗門與置物櫃體，混搭橡木木皮與不鏽鋼兩種素材，加上天花的立體漆白格柵，除了達到引導觀景視線外，亦創造出場域中多元立體的線條變化。

收邊處理／保留立面直橫線條，利用凹凸立體感讓櫃體、暗門、不鏽鋼層架形成溝縫皆可自然過渡，也減輕長型空間的壓迫視覺。

圖片提供 _ 尚藝室內設計

不鏽鋼金屬片 X 人造石 X 實木皮染深

用金屬的明亮冷冽為深沉色調紓壓

木皮染灰黑勾勒出空間立面的ㄇ字型框架，隔牆與門片則選用同樣重色沉穩的深藍，象徵場域中的理性冷靜，上頭再以灰黑細實木條作出進退層次與比例分割，而在這片如夜空蒼穹的黑藍之中，包覆不鏽鋼金屬片的接待櫃台，流暢弧形加上金屬特有的反光，就像在深沉夜色中勾勒出一彎明月。櫃台上方搭配人造石檯面，邊緣導鈍角處理，亮面底座向內收退，使量體看起來輕盈明亮又不至於在光源的照射下顯得過曝。

收邊處理／木作底座與金屬片材，可採用膠合、鎖釘的方式接合，收邊的固定則需要注意均質處理，避免牢固不均造成金屬變形。

圖片提供＿水相設計

鍍鈦不鏽鋼梯雕塑科技感

形隨機能的蜿蜒樓梯造型，上梯的格柵式鐵件設計、下梯的玻璃材質運用，皆帶來隱約穿透的用意，使樓梯結構於視覺上達到輕量化，亦有效的將室內梯的範圍限縮於一隅，放大公共區域空間。其次，以鍍鈦不鏽鋼搭配石材踏面所建構的樓梯，為空間植入未來科技感，又如現代雕塑般的存在，讓家彷彿就是一座現代美術館。

圖片提供 _ 森境＋王俊宏室內設計

收邊處理／不鏽鋼梯身與石材樓梯踏面間用大理石膠就能將兩者串接，此處真正的考驗在於梯身是不規則的S型路徑，直接影響每塊踏面尺寸，除高度統一，其踏面的寬度與深度需一一丈量。

圖片提供＿森境＋王俊宏室內設計

現代材質重新演繹宅邸門片

借鏡傳統大戶人家的宅邸韻味，運用現代材質重新演繹中式門片風格。從實際生活面出發，以鍍鈦不鏽鋼架構可彈性區隔空間的折門設計，邊框除了有抗指紋塗層，門片融入皮革工藝的用意，也在於消去折門開關間指紋易殘留的生活痕跡，表現細膩收邊與做工；皮革下方搭配灰玻，使折門完全關閉時，仍維持一絲客餐廳間的視覺穿透感。

收邊處理／由於是應用於公共空間的折門，沒有阻隔聲音的私密考量，因此折門的門面不需要實心材料處理，而是用小片骨架組構，再沾合上皮革即可。

木素材 　》 色澤紋理表現豐富，輕易創造多元居家風貌

材質解析

天然的木素材不但觸感溫暖更散發原木天然香氣，而樹木製成木料後仍擁有調節溫濕度的特性，當空氣濕度過高能吸收多餘水氣，反之則會釋放水氣，因而能打造出溫馨舒適的居住環境。樹木的種類多樣，不同樹種皆擁有獨一無二的肌理紋路及色澤質感，而且包容性強可輕易搭配各種不同材質（石材、鐵件等）適度平衡空間調性，同時木素材施作加工容易，無論是塑形或者是表面處理（上色、上漆、風化、貼皮等）技術也都發展相當成熟，因此在居家之中運用層面相當寬廣，包括地坪、天花、壁面或櫃體甚至製作成傢具，呈現出多元風格面貌，在居家空間中相當受歡迎。然而木素材怕潮濕也較不耐撞，因此使用木素材防潮防水工程一定要做好，選擇經過良好加工處理木材，以免發生因潮濕而變形的現象，平時使用時則要特別注意遭硬物撞傷。

⬤ 優點

取之於自然樹林的木素材具有吸收與釋放水氣的特性，能維持室內溫度和濕度，加上木材天然氣息因此能營造健康紓壓的居家環境；由於木素材取材及施作較為容易，加上紋路顏色多樣變化，是可塑性極高又能展現豐富風格的材料。

! 使用注意

由於台灣屬於較潮濕的海島型氣候，如果居家處於溫濕度較高的環境，或者空間本身沒有做好防潮處理，木素材很可能發生難以處理的發霉及曲翹變形的現象，甚至會產生令人頭痛的白蟻，因此空間採用木素材時，防潮除濕的工作絕不能忽略；木素材另一個缺點是不耐刮，要儘量避免尖銳東西刮傷表面，像是搬動傢具時務必抬起再移動，以免在木地板留下搬移的痕跡。

回應毗鄰綠意的街景環境，加上販售的選物多數為木頭材質，設計師利用側柏實木塊、水泥、植物三大元素，打造出如森林小屋的氛圍。

牆面書架以烤黑漆鐵件打造，局部融入水泥及木材質，為自然溫暖空間增添些許粗獷氣質。

搭配技巧

空間　木素材本身溫暖的特性，相當適用於講求休閒舒適的居家空間，較常使用在客廳、書房、臥房牆面及地面，或者櫃體門板及天花板等，但因為木素材不耐潮、不耐撞，較不適合使用在廚房及衛浴。由於木素材種類相當豐富，在選用木素材之前不妨先進一步了解質地及特色，較能呈現心目中理想的木空間。

風格　依照不同樹種的色澤、木紋能搭配呈現不同的空間感受，像是柚木、檜木或者胡桃木色澤較沉穩，適合表現日式禪風；而栓木、橡木、梧桐木等紋路自然，可以用來表現休閒、現代等居家風格。

材質表現　一般來說木素材經過簡單的表面處理，以呈現天然木紋為主要表現，也可透過加工處理打造不同的木質效果，如以鋼刷做出風化效果的紋路，或是染色、刷白、炭烤、仿舊等處理也很常見。

顏色　木素材顏色搭配沒有絕對的公式或標準，但不同深淺的木素材的確能表現不同的空間印象，常見木皮顏色由淺到深，有櫻桃木、楓木、櫸木、水曲柳、白橡、紅橡、柚木、花梨木、胡桃木、黑檀等幾種。大致來說淺色木素材能表現清爽的北歐空間感或是現代簡約的日式無印感，而較深色的木素材較能表現具休閒感的東南亞風情，或典雅的中國情調。

燒杉

解理後的堅韌美感

「燒杉」源自百年前的日本傳統技法，是一種讓木材經由深度碳化，使木質部轉化出來的斷塊節理，可降低木材水分較不易變形，也減少蟲菌類賴以維生的營養物質，因此耐腐與耐久能力大幅提高，十分適用於戶外和建築，加上碳化後的獨特紋理與氣質，為近幾年台灣常用元素之一。然而任何材料在移地使用時，除了考究美學搭配，材料本身的物理特性也須適時調整，例如台灣氣候濕熱又有颱風，假如依照日本燒杉工法習慣的 3 分板厚度（約 7mm 厚），用於台灣容易斷裂，因此在吳透幾經多次嘗試下，得出以 6 分板（約 17.5 ～ 18mm 厚）碳燒、縮水後的厚度最為剛好，使用上更加安全穩固。

使用要點

要維持燒杉既有美感，後天維護非常重要，但要注意塗料的挑選，避免料質高溫受熱後收縮比大，拉扯掉燒杉表面解理紋路。對此，吳透提供兩種經嘗試後的合適塗料供參考，「無機樹脂塗料」與「戶外水性護木漆」，適當幫助建材抵擋後天氣候與人為干擾。

設計師的話

II Design 硬是設計／吳透：「**同種建材會因應不同配置區域而產生相對的處理手法，例如想將燒杉用於檯面設計，由於人為使用頻率更高，因此表面塗料更須抵抗防滑、抗汙、耐磨等考量，這時改以環氧樹脂塗層（EPOXY）作為保護層，相較上述兩種塗料更加合適。**」

燒杉 X 紅銅 X 玫瑰金鍍鈦

圖片提供／硬是設計

收邊處理／將材質尺寸與配置區域尺度整體精密計算，讓異材質之間齊平收邊，留縫處等距掌握，讓視覺效果更顯自然。

讓狂野中多了分嬌柔

位於屏東縣霧台鄉的「AKAME」餐廳，主廚以法式料理概念呈現在地原住民食材風味，吳透選用燒杉作為外觀門面素材，一來借鏡燒杉的製作過程，深層碳化後卻不折朽，反而重新催化出獨特解理，二來隱含著品牌堅毅不屈的精神象徵，再者燒杉語彙也能代表品牌碳烤料理的關鍵元素之一。然而門面並非只純粹鋪設燒杉木材，其中嵌入 3 條玫瑰金鍍鈦金屬增添法餐的優雅華麗感，且挑選玫瑰金色澤為的是與紅銅招牌相互呼應，而紅銅又是西式料理常用的鍋具材質。此案以燒杉、紅銅和玫瑰金鍍鈦金屬，野性中又帶有優柔，讓材質相互堆疊、揉合出法餐與原民料理的獨特品牌質感。

燒杉染白 X 實木 X 特殊漆 X 鐵件烤漆

圖片提供__水相設計

暈染與皴筆，層疊出空間中的山水詩意

空間為非矩形的多角格局，設計師便順勢而為，利用實木裁成約 1.5 公分的細條，形成蜿蜒連續牆線來修飾原有的斜角，木色廊道開闊就像走進層疊的林間小徑，而造型天花便如同山的稜線起伏，也將低矮壓迫的樑柱隱藏其中。主牆以特殊漆手工噴塗拍打，若有似無的輕盈筆觸，創造出水墨般雲霧繚繞意境，局部混搭一塊燒杉染白拼板，煙灰斑駁的皴筆飛白效果，正好與底牆暈染質感兩相對映。燒杉拼板上頭以輕薄鐵件加入書架陳列機能，也為立面勾勒出墨黑色的裝飾性線條，其中安排一抹暗紅，在素淨中創造亮點。

收邊處理／燒杉板是經過炭化後再清洗上油等特殊處理步驟，表面呈現焦炭裂痕的立體感。在計算好承重重量與板材拼貼寬度之後，預先將烤漆鐵件的構件植入牆體，最後再貼覆燒杉板完成收邊。

大干木

狂野紋理顛覆木元素質樸印象

實木的天然溫潤感是其他建材取代不了的，無論是從視覺上欣賞其各種質地、色澤與紋路，或是透過嗅覺聞著陣陣木材香氣，都是木作空間使人放鬆的原因之一。其中大干木的木紋顏色鮮明，相較大部分木紋的細膩紋路，其深淺配色反差大，更加透露出某種自然野性，適合用於表現性較高的空間中，達到畫龍點睛之效；假使想大面積鋪設，一來要考量配置區域合適度；再者要留意與其混搭的異材質是否能相互襯托或協調，避免為求亮眼而喪失視覺舒適感。

使用要點

天然木材本身佈滿孔隙，具有良好的吸水力，因此保持空間乾燥通風是維護要點，甚至在先前搬運、施工過程中時都建議做好防水措施，避免讓木材因吸水而腐朽、變形。

設計師的話

Peny Hsieh Interiors 源原設計／謝和希：「**木材搭配準則不能只單看本身紋理，其配置區域與依附的結構型態，也會影響觀者對整體空間的感受，所以異材質混搭要有取捨並拿捏各自比例，才會顯得簡潔大氣。**」

大干木 X 大理石

大干木混搭大理石調和繁複花紋

大干木跟其他木材最大的差異就是在其紋路明顯，效果花俏，通常不會大量使用，但屋主就是鍾意大干木剖面明顯的繁複花紋，因此如何整合整面大干木牆面在空間的清爽度便成了一大重點。郭宗翰利用在大干木的牆面之餘選擇白色做基底來平衡空間調性，加入大理石材做為客廳牆面裝飾避免視覺疲勞。白色的大理石紋地板與白色木紋餐檯營造出不同層次感。

圖片提供＿石坊空間設計研究

收邊處理／與相交接材質預留溝縫企口，用 5 度斜導角並以同樣的大干木皮不織布收邊，溝縫企口大小可自訂。

圖片提供__ Peny Hsieh Interiors 源原設計

大干木 X 不鏽鋼

剛柔素材融合，表現落瀑意象的有機多變

圖片提供__ Peny Hsieh Interiors 源原設計

對於異材質的界定，有別於用客觀物理角度判別，例如木、石、磚……等，從主觀屬性判別，例如剛性與柔性、冰冷與溫潤，也是種混材設計的切入點；像是此座迴旋樓梯以落瀑作為借景，想透過材質與型態臨摹川流的磅礡氣勢，因此謝和希從中思考如何兼具美學與機能，於是形體上，她選擇以不鏽鋼板作為樓梯基底，一來此種材質可塑高，能完美達到迴旋樓梯要的曲線效果與，加上不鏽鋼板表層經手工拋磨拉絲，經光線照射後呈現水面反光效果；而最為踏階的大干木木材，獨特又狂野的木紋顏色反差大，連續排列後明顯的紋理感強烈，看似流水般層層由上往下匯集，巧妙串聯上下樓層關係之餘，也讓異材質混搭有了新詮釋。

收邊處理／木材踏階表面需要拋磨平滑，避免粗糙質地造成踏足磨傷，且所有邊角要光滑圓潤，沒有突出之處或銳角；再者用不鏽鋼板順勢包覆踏階兩側，讓人不會從側邊直接看到結構體。

毛竹

質輕堅韌、可塑性強

竹材生命力旺盛、生長期、運用廣，完全體
質綠建材的環保概念，可運用在壁面、地
面，或作為裝飾材等。通常在選材上又以毛
竹（或稱孟宗竹）為主，其質地堅韌、紋理
清晰、取材容易，且相較於其他竹種的視覺
效果更佳，也最具美感，因此被廣泛使用。
擷取竹材的方式包括縱切與旋切式兩種，可
將竹皮獨特的枝節特色完美顯示；另外竹的
韌性與可塑性皆強，可依設計形塑出多樣的
造型出來。

使用要點

竹材屬天然材質，怕潮濕環境，因此不建議將
竹材使用在濕氣與水氣皆高的環境裡，避免發
生膨脹變形的情況。另最好的竹材年齡為 4 ～
6 年，超過此年齡竹材成分會逐漸老化，使用
上一定要格外留心。

設計師的話

CUN 寸 DESIGN／崔樹：「**竹子屬於中性且
帶柔軟的材質，運用在場域裡，空間不僅充滿
自然感也彷彿會呼吸。**」

圖片提供＿ CUN 寸 DESIGN

圖片提供＿ CUN 寸 DESIGN

毛竹 X 水泥板

形塑造型建構出富有創意的視覺空間

CUN 寸 DESIGN 創辦人崔樹觀察，隨著時間的推移，人們對於辦公空間開始厭倦鋼筋混凝土的「森林」與閃著弦光的鏡面玻璃，更多的是對貼近生活的材質溫度的追求，因此在構思大陸北京「大象群文化傳媒辦公空間」時，嘗試將自然放入，讓辦公環境更具生氣。在串接樓層的階梯及 1 樓頂面部分，運用竹材並還原其本身色彩。為讓辦公同仁在工作時能放鬆心情，再加上竹本身擁有著高韌性、可塑性強的特點，這回便嘗試捨棄直線語彙，改以曲線拼接方式呈現，並延續而上至天花板，幾何線條在空間中自然而生，也讓工作環境變得生動有趣。

收邊處理／無論包覆樓層或是延伸至天花板時，皆是以貼覆方式呈現，緊密貼合收去邊角不規則貌。

毛竹 X 白色仿大理石磁磚

以材料的質與形引出圓的力與美

座落於大陸北京的「哲品」品牌旗艦店是一個偏橢圓形的空間，這促使
CUN 寸 DESIGN 創辦人崔樹以是「東方圓」來構思整體設計。在空間中置
入一個有開口的竹編裝置，它沿格局而生，將天地與牆面的平整度柔化掉，
轉移人們對原空間形狀與尺度的意象，也成功模糊了場域的邊界。裝置是採
取層層編織的方式構成，獨特的肌理與節點，交織出宛如被時間沖刷過的鵝
卵石一般，從不同角度望去具圓潤光滑外，又富含不同的個性。

收邊處理／地坪白色仿大理石磁磚
以拼方式組成，之間以溝縫作為銜
接與收邊，於其上的竹編裝置則以
一圈的燈帶來做處理，巧妙讓兩者
銜接在一起。

图片提供_ GUN 丁 DESIGN

實木

天然紋理觸感溫潤

實木是指以整塊原木所裁切而成的素材，天然的樹木紋理不但能讓空間看起來溫馨，更能散發原木天然香氣，而木材經過長時間的使用後，觸感就變得更溫潤，因此受到大眾的歡迎。木材能吸收與釋放水氣的特性，可以將室內溫度和濕度維持在穩定的範圍內，常保健康舒適的環境。實木常以整塊原始素材運用，如檜木、花梨木；或是做成實木木皮，運用在電視牆、客廳臥房牆面、櫃體門板、天花板等，常見的木種有橡木、柚木、梧桐木、栓木、梣木、胡桃木等。實木也可透過加工處理打造不同的木質效果，如以鋼刷做出風化效果的紋路，或是染色、刷白、炭烤、仿舊等處理。

使用要點

實木在高溫高濕的環境下，容易膨脹變形。若用作為木地板，則要注意不能施作於潮濕的環境，若地面易有反潮現象，則不建議鋪設。

圖片提供_硬是設計

實木與清水模平台，營造自然與輕日式調性

屋主夫妻在台東相識，婚後台北新家希望納入大自然與日式元素，因此用實木桌面與地板，搭配清水粉光的架高平台活化空間運用，同一個空間可作為起居室、餐廳與客房三種用途，面向不同就改變了空間定義。清水模中使用較高比例的沙，呈現出大自然的石材質感，再利用軟墊與燈飾營造出日式空間的氛圍，可以讓屋主跟朋友享受日本茶道之樂。

收邊處理／清水粉光收邊可用收邊條形成圓角，或是泥工打成直角，直角怕撞，取捨要注意。此處嵌入椅墊的內角會容易磨到，所以用圓角處理，外觀的轉折處則是用直角比較好看。

圖片提供＿合風蒼飛設計＋張育睿建築事務所

側柏樂高牆做為主題展示架，以鐵件做為複層結構材

做為眼鏡品牌的展售空間，希望能讓消費者在自然舒適的空間中挑選產品，因此大量使用了具有原始氣息的建材。利用側柏實木柱，以樂高堆疊了邏輯建構了一面主題牆，預留中空的空間放置眼鏡，不僅成為視覺的亮點，也具有展示的功能性。支撐複層的結構材為 H 型鋼，旋梯則是以 1 公分厚的鐵板焊接製成，進而以白色烤漆來裝飾表面，回應清爽無壓的氛圍。位於一樓的平面展示櫃體，於表現鋪設混凝土薄漿，該材質延伸至壁面與地面，使三者之間產生一體成型的視覺感，而混凝土的灰色調以及不均勻紋理亦展現了低調的粗獷氣息。

收邊處理／木頭的樂高牆是利用卡榫結構來做銜接，此外也有在牆面鑽孔，並以鐵件將牆面與木頭結構固定起來，避免地震時木牆坍塌。

磚材　　>> **風情萬種磚素材，以實用征服空間難題**

材質解析

將經常出現的磚做個分類，大致可區分為「陶磚」、「磁磚」跟「空心磚」三大類。陶磚主成分為自然界陶土，室內外、地壁皆可應用。塊狀陶磚在庭院牆或花台的疊砌上經常使用，而平板式的磚片則以地面最為常見。由於色澤多半為橘紅色系，給人溫暖、古樸的印象，因此常見於鄉村風格或是帶東方氣息空間。

而款式多元的磁磚，組成原料則為石英、陶土、高嶺土或黏土等成分。由於燒製溫度不同會影響吸水率表現，故區分出 16 ～ 18% 的「陶質」、6％ 以下的「石質」，以及 1％ 以下的「瓷質」三種。運用在居家時，最好先以使用目的來做規劃，例如，水氣重的浴室，一定要選用吸水率低，但防滑指數高的產品；而想突顯主牆氣勢時，就可依視覺感受來做主考量，大尺寸或是特殊效果明顯的磚自然是首選。

優點

以高溫燒製的磁磚，因為毛細孔小、不易卡髒，加上耐酸鹼，故「容易清潔保養」幾乎是多數磁磚的共同特色。隨著製作技術的進步，不但製程愈來愈環保，花色的選擇性也更加多元化，無論是何種風格空間，幾乎都能找到相應的磚來使用。而磚的防潮特性，不論在室內外皆十分適用，加上有各式尺寸可以選擇，讓不同氣候條件的空間，皆能輕易達成美觀與實用兼具的要求。

使用注意

雖然磁磚技術不斷更新，但相較於天然石材，觸感跟光澤度上畢竟還是少了一分天然與精緻。此外，雖可藉由錯落的設計手法來提升仿真感，但在整體的紋理表現上還是較為均質單一。且磁磚接縫普遍較石材明顯，一來容易藏污納垢，再者，鋪面上的線條也較易造成視覺上的切割，進而影響到整體設計的細膩感。

圖片提供＿石坊空間設計研究

攝影＿Justin Yen

仿大理石質感的磚，可利用工法降低縫隙，提升整體感。加上光滑且反射性高，運用在現代風格的住家，可以強調出簡潔但不失精緻的空間感。

磚與水泥都是堅硬、冰冷的素材，當兩者結合在一起時，磁磚的色彩、紋理恰巧能柔化水泥的剛毅，激盪出新火花。

搭配技巧

空間

容易有髒污或湯水的區塊（例如，玄關、廚衛），皆可採用磁磚來增加清理方便。在公共空間的運用上，可採大面積鋪陳手法聚焦，以突顯主牆的獨特性。或是在地、壁面局部鑲嵌些許小花磚或腰帶，達到增加視覺層次功效。

風格

基本上，光滑面、反射性高的磚，適合用於走向比較現代，或是強調高貴的精緻空間。若希望空間更樸實或隨興一點，則不妨挑選顏色仿舊，收邊也不那麼講究俐落的復古磚。如果想東方味濃厚些，燒面的板岩磚也是不錯的選擇。

材質表現

目前流行的磚材風格，多半還是以粗石面、燒面或霧面處理居多，這類磚材因為在視覺上更趨近天然石材，容易與各類風格搭配，加上粗糙止滑的觸感，會讓地、壁的延伸應用更廣泛。

顏色

想營造活潑氣氛，可以優先考慮對比色系，像是以融入了灰或白的非純色來做對比，方能兼顧視覺舒適性。偏好低調，那大地色系，如黑、灰、棕，可有效增加穩重感。至於帶點金屬反光效果的磚，在燈光映照下則可以有更多表情變化。

陶磚

展現質樸韻味的天然材料

陶磚是由天然的陶土燒製而成，吸水率達
5～8%左右，表面較為粗糙，因此具有防
滑的特性，一般多用於戶外庭院或者陽台，
可發揮調控濕度的功能。若陶磚破損欲丟
棄，可直接回歸大自然，為十分環保的建
材。目前國內鋪設陶磚的方式不一，大多是
將陶磚當成一般的磁磚拼貼，打硬底後直接
以黏著劑黏上，在以細砂填縫。

使用要點

在挑選陶磚之前，可先確定其用途，若用於室
內便需講究外觀的細緻度，若用於室外則要考
慮防滑的功能。

設計師的話

KC Design Studio 均漢設計／曹均達：「**陶
磚是屬於會呼吸的材質，由於可以調節空氣中
的濕度，因此對人體有益，同時還具備隔熱耐
磨、耐酸鹼的特性。**」

圖片提供＿ KC Design Studio 均漢設計

陶磚 X 胡桃木 X 古銅鍍鈦

新舊材質的碰撞，古樸與現代的對話

此空間有樑體結構過低的情況，因此設計師巧妙地將鋼樑與天花板分離，並刻意選用質地較為輕薄的陶磚，拼貼成弧形造型天花，使其產生了視覺的趣味性，與牆面的交界採用預留溝縫的方式，使光影成為收邊的無形材料，擴展空間的垂直深度。陶磚的質樸語彙，搭配上內斂的胡桃木以及吧檯的古銅鍍鈦板，再再扣合屋主所喜愛的古樸氛圍，而線條的俐落感又展現了現代主義的美感。

收邊處理／拼貼陶磚時，需預留縫隙，以 50 元硬幣的厚度為標準，亦可根據個人的喜好進行微調，若欲展現粗獷的風格，則可加大預留的縫隙。

119

紅磚

樸實手感成為雋永台式情懷代表元素

常被用來形塑懷舊氛圍,也被視為經典的台式元素之一,而隨技術發達,有著類似紅磚外觀,質感卻更精緻的清水磚能見度也愈來愈高,雖然清水磚單價比一般紅磚高 2～3 倍,但其表層光滑平順,且承重效果佳,相較起來更不易碎裂,因此作為特殊設計的裸牆相當合適。特別留意的是,部分使用者對於紅磚牆有著就該呈現「正紅色」的誤解,但磚材本身表層就布滿孔細,會吸收水分,因此完工後的吐白華現象純屬正常,所以久而久之牆面也會形成不均質的灰白痕跡。假使不想要有此現象,一種做法是在砌磚之前,將每塊磚頭六面都須塗抹隔離漆,使其不易吸收水泥水分,但此舉又會影響磚與水泥的咬合,影響結構的穩固性;又或者是砌完牆後,以沙拉脫先清洗表層白華部份,再塗抹一層透明保護漆(保護金油)也可,不過此舉會讓牆面形成亮光效果,反而喪失紅磚的古樸感,故種種應對作法有利有弊。

使用要點

紅磚與清水磚看似差異不大,然而視覺上卻能形塑不同氛圍,前者粗糙質地偏重,古樸感強烈,用於裸牆設計,可隨濕度、觸摸等長時間因素產生色澤上的變化;而後者吸水率低,密度更堅硬厚實、形體更有稜有角不易破損,因此用於特殊設計點綴上更有優勢。

設計師的話

II Design 硬是設計／吳透:「**砌磚牆除了考量空間美學,還得兼顧使用安全,因此「植筋」相當重要,讓磚牆藉由鋼筋與周邊結構扎實咬合,提高穩固強度,避免地震等大幅度干擾形成危安問題。**」

合風蒼飛設計＋張育睿建築事務所／張育睿「**如今的業主們,愈來愈能接受較為強烈的材質表現,因此若能將磚牆適度的裸露,便能達到調節空氣濕度的功用,且無須擔心壁癌的產生。**」

攝影＿Amily

紅磚 X 水泥

粗糙質地混搭老屋斑駁，讓空間多了時光韻味

品牌精神牽引著空間素材的選用，而當兩者相互和諧襯托，不需過多言語即能意會。這間位於台北市的「Simple Kaffa Flagship 興波咖啡」，業主不希望既有老屋有過多造作的處理，而是透過簡單俐落的空間語彙，形塑出「都市中的森林」氛圍，自然，卻充滿各種生機風味。於是，吳透保留老屋大部分原有建材肌理，一樓處更善用紅磚牆與既有天井相互輝映，創造豐富的光影變化，仔細觀看會發現，磚牆並不平整，而是被刻意堆疊出凹凸面，再以丁、順、斜砌三種方式排列，提升整片片牆面的表情紋路與層次感；搭配上方一片片燒杉，這兩者同樣源自天然素材，且「磚土居下，而木植上」的視覺配置，彷彿暗喻著森林印象，觀者處於其中也不覺突兀。值得一提的是，混材也包含著新舊元素相互搭配，因此新砌的紅磚牆利用斜砌作為「飾帶」，呼應鄰側的建築結構（氣窗），而磚牆產生的白華現象，除了替空間增添些許時代感，也與周邊斑駁的水泥牆面自然共存。

攝影＿Amily

收邊處理／通常以鐵件收邊，如 H 型鋼（H-Beam），或是抿石、銅條也是常見手法。

圖片提供＿硬是設計

搭配抿石形塑主題，善用塗料營造焦點

混材搭配要協調不雜亂，除了從本身的質感、色澤、紋路、尺寸去思考，放進整體空間的份量配比與規劃區域也很重要，例如位於高雄的「Gien Jia 挑食」餐廳，品牌旨於以法式料理手法烹飪出台灣在地食材的美味，台法兩者文化皆是品牌重要元素，於是吳透便在騎樓以台灣傳統建材「紅磚」與「抿石」作為主角，並同時降低其餘元素配比，多以大片落地窗玻璃規劃，避免畫面過多語彙干擾，其中像是以抿石作為結構柱與部分鋪面裝飾、用人字鋪形式鋪設的紅磚地坪，加上採用 7 種砌磚工法而塑的紅磚牆，當中更讓 3 塊清水磚特別凸出，打破牆面平整性、形成視覺焦點。然而，品牌的法餐精神不能被台式元素掩蓋，因此大門配色特別選用拿破崙三世的代表色「帝國綠」，呼應品牌核心仍是法式料理，此案中，紅磚、抿石、塗料三種建材各據一方，卻透過適當的空間配置和諧一致。吳透認為，磚材的使用沒有絕對，而是因應規劃用途與配置區域而定，即便是以紅磚作為裸牆建材，其偏粗糙質地手感與些微色澤不均，反倒能表現出礦物原料的自然風貌。

圖片提供＿硬是設計

收邊處理／紅磚牆以 H 型鋼鐵件完整收邊，而人字鋪磚地坪則以抿石收邊。

圖片提供_合風蒼飛設計＋張育睿建築事務所

曲面疊砌網格牆，洗石子、混凝土營造內斂氛圍

原初大門的方向恰好面對著大型建築群，因此容易有卷型強風，為了將大門改向，設計師以紅磚搭建了曲線牆，一方面做為動線的引導，另一方面網格的設計不僅能過濾並碎化強勁的風速，且使風依舊能適度的進入空間，保持氣流的暢通。圍牆以紅磚與水泥牆為主材質，建築牆面則以洗石子與之對話，表現台灣經典的建材語彙，呈現自然質樸且接地氣的氛圍。

收邊處理／磚材與水泥的收邊處理方法可以省去外加的材料，讓兩種具有相同調性的元素直接碰撞在一起，以直接的過渡取代刻意的圓潤，展現原始質樸的韻味。

石材紋理搭配紅磚，中和陳舊感

屋主希望保留部分磚牆留存過往的居住回憶，卻又擔心看來陳舊，因此利用壁面大理石材的紋理帶入奢華質地，但在石材表面進行霧化處理減少華麗感，不致新舊反差過高。橡木進行煙燻處理增加歲月感，延伸搭配清水模來整合錯樓設計。清水模沙的比例較高呈現較為暗沈的光澤，引入室外光線映照讓空間調性不致太過冷冽。

收邊處理／石材收邊不管正面或側面，都使用同一種工法來整合空間的完整性，因應磚牆的不平整表面，鐵件脫開 1 公分的縫再用木頭將鑲嵌進縫隙讓表面平整。

圖片提供_石坊空間設計研究

仿石紋磚

擬真度高，環保、好清潔的替代建材

仿大理石紋磚取材自各種天然石材，仰賴數位印刷技術的進步，能夠直接拍攝真實礦石、製作高解析度的仿大理石紋表情；尺寸上以大面磚為主，從基本的90cmX45cm、到150cmX75cm、甚至180cmX80cm都有。若要觀察廠商的仿大理石紋磚品質優劣，仿雪白銀狐款式會是最佳指標。從白色的顏色正不正、到細看時是否有網點存在，可評斷其解析度的高低，當然也會影響拼貼後的逼真度。仿大理石紋磚降低石材的開採速度，是環保替代建材。具備好清潔、好保養優點，而且吸水率僅有0.05% ～ 0.1%，汙垢不易滲入、不卡汙等多項好處，尤其能使用在潮濕的區域如浴室等地，無需擔心使用久了會卡汙發黃、白華等狀況。

使用要點

仿大理石紋磚的表面處理可分為拋光面與粗面，前者多用於壁面，地面則考量止滑性，尤其用於浴室等濕滑區域更要使用防滑效果好的粗面款式。此外，有些拋光面磚表面還有覆上玻璃釉，忠實表達出石材打蠟保養後的晶透效果。

圖片提供＿石坊空間設計研究

大理石紋磁磚 X 清水模 X 木作冷光烤漆

清水模混搭冷光漆木作，框出滿室明亮

為保留屋內視野與採光的最好面向，利用木作加上冷光烤漆的量體整合客廳與房間的空間與窗景作為大的框景，並利用地板材質的不同營造客廳與小孩玩耍空間的差異感，大理石紋的地面讓整體白色空間因為材質不同而有層次感。選擇冷光漆是因其消光度好，小刮痕可以現場修補，不似鋼琴烤漆需要整面重新處理，修補方式較容易。

收邊處理／木作冷光烤漆與大理石地板接觸的面上脫開0.6公分的溝縫，縫隙是無形的收邊材，避免矽利康填縫日後會有發霉變色要另外處理的疑慮。

石材 >> 紋路多變化，質感低調中見奢華

材質解析

石材自然的特殊紋理，一直深受大眾喜愛，其中最常運用在住宅空間的莫過於大理石、花崗石、板岩、文化石和最近興起的薄片石材。大理石的天然紋理變化多，能營造空間的大器質感；花崗石雖然紋理沒有大理石來得豐富，但是吸水率低、硬度高、耐候性強，所以很適合運用在戶外空間；文化石則是 Loft、北歐風、鄉村風格常見運用素材，保有石材原始粗獷的紋理，可呈現自然復古的氛圍。從德國進口的天然薄片石材材料，主要以板岩、雲母石製成。板岩紋路較為豐富，而雲母礦石則帶有天然豐富的玻璃金屬光澤，在光線照射下相當閃耀，可輕鬆營造華麗風格。另外，還有使用特殊抗 UV 耐老化透明樹脂的薄片，可在背面有光源的情況下做出透光效果，展現更清透的石材紋路。

○ 優點

大理石的紋路自然變化多，質感貴氣，可彰顯空間雍容氣質，花崗石的價位相對大理石便宜，質地也較為堅硬，文化石則是施作方便，甚至可以自行 DIY 施工，而薄片石材優點就是厚度僅約 2mm，比起一般厚重石材施工更加簡單、快速，像是石材不易施作的門片、櫃體也都能克服，甚至還可以貼合於矽酸鈣板和金屬上，並具防水特性。

! 使用注意

具天然紋理的大理石缺點是保養不易，有污漬的話很難清理，花崗石則是花色變化較單調，也可能會有水斑的問題產生，需定期拋光研磨保養。文化石和抿石子常見問題是水泥間隙發生長霉狀況，在施作時應選用具有抑菌成分的填縫劑，而厚度低於 2 公分的薄板石材在加工、運送、施工過程都相當容易破裂，加工耗損約為 20% 左右，運送和施工耗損則約有 5 ～ 10% 左右，因此在選用此項建材時，為避免裝修時材料不足，一般都會將耗損值估入所需數量中。

圖片提供_水相設計

圖片提供_尚藝設計

地面自然漸層的義大利黑色系水磨石、紋理天然的洞石、立體而富量感的山毛櫸實木，選擇之初，即希望藉由它們的特質隨日光及使用軌跡累積出值得等待的醇厚。

採光明亮、視線通透的衛浴間，利用義大利進口燒面磚做全面性鋪陳。米黃燒面磚不具反光性且紋理細緻，使視覺干擾降到最低。

搭配技巧

空間　花崗岩的密度和硬度高，石材相當耐磨，適用在戶外庭園造景、建築物外覆石材，大理石則是紋理鮮明，是十分有特色的裝飾材，造價昂貴的玉石，因為具有如玉般的質感，通常運用於視覺主題或傢具。

風格　大理石可表現尊貴奢華的豪宅氣勢，若為尺寸較小的石材馬賽克，則是能拼貼出具個性化和藝術化的設計，而具時尚感的板岩，規劃為一面主牆或是轉角，可讓空間充滿天然質感，另外像是文化石則較常使用於鄉村風、LOFT 風格。

材質表現　洞石質感溫厚，紋理特殊能展現人文的歷史感，一般常見多為米黃色，如果摻雜有其他礦物成分，則會形成暗紅、深棕或灰色。經常運用在居家的大理石以亮面為主，若喜歡低調視感也可挑選鑿面。

顏色　大理石主要有白色系和米黃色系大理石，淺色系格調高雅，很適合現代風格居家，若是想要更有奢華感、氣勢，可選搭深色系大理石，防污效果也會比淺色系來得好。

大理石

獨特的天然風貌

大理石擁有天然大理石及人造兩種來源，由於是天然礦石，光澤感變化多端、紋理豐富色系多元，一直是室內裝潢常用元素。但要留意，天然石材存在的孔隙與節理造成吸水率高，因此相較深色系大理石，選用白色系大理石時更要留意汙垢水漬等染色問題，盡量保持通風乾燥，加上其硬度相較花崗岩等石材低、容易劃傷，因此後續維護須特別留意。而假使要用於壁面，除了藉由拋磨減輕其厚度與本身重量，更須留意結構裝設的安全，避免突有美觀卻暗藏使用危險，假使仍想要擁有石材效果卻想以其他建材取代，特殊漆塗料是可納入的選擇之一。

使用要點

天然大理石因其獨特紋路與質感受人喜愛，尤其用於地坪時為展現氣派感，大面積的鋪設須留意拼接的細節處理，選用合乎石材色系的填縫劑，例如以黑砂或白砂填縫劑，讓整體更自然無明顯縫隙。

設計師的話

沈志忠聯合設計 X-LINE DESIGN ／沈志忠：

「混材搭配與空間的色彩計畫相互牽連，即便皆是大理石，也會因色系不同而改變其他元素的挑選基準，例如以深色大理石作為空間基底，那其餘建材的彩度建議不要過高，避免整體畫面過於雜亂。」

CUN 寸 DESIGN ／崔樹：「豐富、多變是石材的特性，因其自然的紋理不僅自帶表達力，還充滿了時間美感。」

天地呼應，營造高貴氣派氛圍

此案為屋主短期停留休憩的居所，因此在整體氛圍形塑上，更偏屬於放鬆、慵懶的私人招待空間，恰巧業主對於暗色調空間有所喜好，因此綜合空間使用屬性與調性兩者要求，沈志忠聯合設計 X-LINE DESIGN 設計總監沈志忠選定以「黑色大理石」與「金屬鋁板」作為天地壁的主要元素，並扣合整體格局搭配出高貴的居家氣質。由於此案格局拆除入口處一大房，一來減少隔間屏蔽，再者明顯擴大公共區域範圍，因此在大面積鋪設深色大理石作為地坪時，除了更顯氣派，重要是能將石材本身的有機紋理更全面呈現出來，發揮此種天然建材優勢，連帶讓其餘空間無須過裝飾，就能表現豐富的層次感。

圖片提供_沈志忠聯合設計 X-LINE DESIGN

圖片提供_沈志忠聯合設計 X-LINE DESIGN

收邊處理／天花與地坪都屬深色調元素，其中金屬鋁板天花自成量體，搭接在原有天花板，而大理石地坪則用黑砂填縫劑作溝縫處理，與壁面自然碰撞；另外在壁面部分以白底作為整體收邊色帶，視覺上保有清爽效果，也不會讓空間顯得感過於壓迫。

大理石 X 水泥

圖片提供＿ CUN 寸 DESIGN

將石材鑲嵌進地坪，形塑出如原生般的美感

「柳宗源北京攝影工作室 UTTER SPACE」原為一間 60 年代的老倉庫，過度的裝飾掩蓋了它原本的美麗與味道，經拆除後發現本來的水泥牆體有著特有的歷史歲月痕跡及時間美感。還原空間後，CUN 寸 DESIGN 創辦人崔樹選擇降低設計力道，以原始的建築尺度結合材質來做展演。在前廳空間，利用樓層高度安排了一個峽谷的造型，使接待區變得充滿幻想與衝擊力，並運用整塊石材自有的質地感，去表達與表現設計的美。最特別的是，他讓燈穿過吊頂上的小石塊，直達、直穿整體的石頭前台，此種設計手法表達了石頭透光的絢麗，同時也闡述出石塊本體的重量之美。

收邊處理／地坪以水泥為主並將大理石石塊鑲嵌其中，藉由水泥本身遇水後所產生的黏性將石材做包覆與收攏，保留天然密合的狀態，剛好與石塊那不規則的特殊切面線條相呼應。

藉異材混搭巧妙劃分動線與區域

此案住宅為長形格局，源原設計利用混材手法將
空間特性彰顯出來，透過海島型實木地板與大理
石拼接成色差大、界限明確的公領域；其中大理
石鋪設範圍是室內主要動線，而溫潤的實木地坪
則鋪設在客廳等休憩區，讓人赤腳碰觸也不易冰
冷。設計師表示，實木地板之所以色澤不均，是
因為這更能表示出木材自然隨興之感，並與大理
石形成極大反差，藉由兩種異材特性，創造室內
空間一動一靜的動態視覺效果。

圖片提供__源原設計 Peny Hsieh Interiors

收邊處理／大理石本身厚度 2 公分，實木地板則為
3 公分，因此兩者的交界面除了高程須事先定位好，
確保水平一致，接著便是各自於結構面處抹上矽膠固
定，交界處直接碰撞即可。

素雅石面配上大膽跳色地坪

壁面設計如何跳脫平面思考、創造變化？源原設計利用多顆方形大理石，拼接出一幅凹凸交錯的立體壁面。相較直接以大塊石材拼接，設計師選擇用 10 公分 X10 公分的石塊元素，加上亮面與霧面兩種面飾效果，讓光線投射時能呈現一閃一閃的光影效果；而地坪部分則以跳色木紋磚相呼應，設計師表示，大理石壁面屬於冷元素，因此他刻意選用帶有木紋質感的磚面，帶入一絲溫暖，整體視覺效果就不會一昧冷調。

圖片提供＿源原設計 Peny Hsieh Interiors

圖片提供＿源原設計 Peny Hsieh Interiors

收邊處理／ 10 公分 X10 公分的大理石塊因量體不大，因此僅以 AB 膠控制凹凸角度，而與木紋磚地坪的交接處則是確保兩者異材邊緣是水平無損壞，接著便直接接觸銜接即可。

大理石 X 金屬 X 塗料

圖片提供＿源原設計 Peny Hsieh Interiors

雅致衛浴帶有貴氣之感

衛浴空間是以安全為優先，因此源原設計採用大理石為基地，確保空間易於清理保養，且將大理石材延伸至壁面，藉由大面積範圍，展現各種花紋拼接的美；其中化妝鏡後方的壁面，設計師特別選用特殊漆為基底，搭配鏡面是以鍍鈦金屬鑲邊，素雅的單色搭配些許金屬的華麗點綴，使空間顯得更加貴氣。另外設計師表示，在拼貼磚材或石材時，她更偏好隨興拼接，無須刻意對紋，反倒是讓材質紋路自然凸顯。

收邊處理／磁磚間的收邊，例如直角處，是拼接後再磨成導角，確保碰撞時不會受傷；另外磚材與塗料間則是直接接觸，無須再用收邊條。

大理石 X 木材

高雅材質展現商辦大氣之姿

作為商辦的迎賓入口，源原設計選用數種色澤內斂、材料質地特色卻相當強烈的異材作組合。例如櫃台背景牆選用木紋顯眼的木皮，設計師藉由方向性的分割手法，使木紋直橫交錯，巧妙讓同種材料呈現多變效果。另外，空間主牆是以特殊的黑色洞石進行拼接，其粗獷的質地搭配牆體厚度，讓整體氛圍更顯份量；至於地坪部分，灰色大理石代表櫃台與內部會議室的動線串聯關係，墨綠色大理石則與其有強烈差異，讓空間的色系產生反差、增添動態視覺效果。

圖片提供＿源原設計 Peny Hsieh Interiors

收邊處理／由於地坪都是板材，拼接起來乾淨俐落，因此設計師要確保異材間的水平、分割位置正確為主，可無須再特別施作收邊條或溝縫。而黑色洞石在拼接時如遇到轉角處，則需留意材料邊界是否對接順暢，確保磨成導角時的美觀。

大理石 X 橡木木皮格柵 X 仿清水模塗料

精緻溫暖素材構築私人日式會館

位於主臥後方的起居視聽空間，延伸寢區的卡拉拉白大理石、橡木格柵素材、木紋地坪，輔以簡約的仿清水模牆面、俐落線條沙發，精緻溫暖的材質特性交織成舒適無壓氛圍，瀰漫一股天然輕鬆氣息，令人望而無憂，仿若私人專屬的日式休閒會館。

圖片提供＿尚藝室內設計

收邊處理／沙發大理石背牆以幾何手法拼接，在交錯拼接的立面接縫處導角，刻意做出溝縫效果，打破單一平面感、創造立體層次效果。

大理石 X 橡木木皮格柵

天然精緻建材，凸顯弧形絕世窗景

住家位於淡水山上，為 360 度坐擁山海景致的特殊建築，長橢圓造型以兩端為最佳觀景點、分別設定為客廳與主臥。正對超大尺度弧形窗景的睡寢空間，已經擁有獨一無二的天然主景牆面、隨著季節、天氣變化而綻放各種迷人表情。設計師簡化建材種類、大面積應用自然素材鋪陳串聯室內外；同時透過卡拉拉白大理石自帶的清新貴氣與實木格柵的精緻感，型塑能放鬆休憩的低調奢華私密空間。

圖片提供＿尚藝室內設計

收邊處理／橡木格柵牆面特別縮小格柵寬度，讓立面線條更加細緻，賦予天然質材加工變化、凸顯手作精緻度。地壁牆面皆無收邊條設計，以精準工法讓兩種建材有最俐落的線條展現。

大理石 X 玻璃 X 不鏽鋼

玻璃、不鏽鋼打造專屬藝文天地

客廳以藝術品展示作背景規劃重點。玻璃與
不鏽鋼組構層板骨架,背倚燈光陪襯,降低
功能建材的存在與壓迫,釋放出整體輕盈透
亮的懸浮視感。同時透過黑、白石材的對比
色彩轉換,方便依照不同藝品顏色、特性擺
放,打造獨一無二的專屬私人藝文空間。

收邊處理╱透過層板藏燈手法,令玻璃、不鏽
鋼材質更顯輕盈,弱化線條與接縫處,與華貴
大理石背牆融為一體、渾然天成。

圖片提供＿大雄設計 SNUPER DESIGN

大理石 X 鐵件 X 木作

圖片提供＿森境＋王俊宏室內設計

空間素材的自然肌理語彙

石、木與鐵件都是源於大自然的建材,
三種材料依循著大中小層次比例組合在
一起,讓混材畫面協調不雜亂,透過設
計師的巧手圍裏出溫馨的居家氣氛。此
案最大亮點莫過於經加工雕鑿俐落線條
的大理石牆面,營造空間焦點,也展現
宅邸雍容大度的形貌,而嵌入其中的墨
黑鐵件,更是將屋主的私人收藏凸顯、
使電視機伴隨的過度生活感消彌。

收邊處理╱兩層樓的石材以乾掛方式鎖於
牆面,右側則是為玄關出入口設計的木作
收納櫃體,最後才嵌入鐵件展示櫃。

大理石 X 地毯 X 金屬

打破維度限制，剛柔平衡的時尚展示間

運用四種不同顏色大理石，裁切成幾何圖形、拼貼出室內三條星星圖騰走道，內嵌於柔軟的地毯之中，冰冷與溫暖、堅硬與柔軟的材質結合，令空間達到微妙的剛柔平衡。走道延伸櫃檯時，跨越維度限制、爬上黑色石材表面，賦予展示場域細節處的創意趣味意象；而後方立面特意選用類似品牌 LOGO 的山型對花，作為整體空間的視覺主牆。

收邊處理／大理石拼花走道與地毯相鄰，由於地毯本身絨毛經踩踏會略扁塌，所以在選擇產品與裝設時需考量新、舊時期地毯厚度，避免因高低落差而絆倒。

圖片提供＿大宅 X 酒石設計

大理石 X 鐵件

金工之美，鐵件鑲嵌蛇紋石

以花蓮蛇紋石表現歷經淬鍊的歲月精華，結構方面的挑戰以實用為考量，需顧及金屬門片的承載力與五金使用壽命，將石材規格品對切一半降低重量，以水刀切出中空的環狀，再以「背切」手工打磨至1公分薄度。製作過程超越室內設計範疇，植入講究細緻的金工手法，以訂製品概念製作門把，將蛇紋石宛如璀璨綠寶石般鑲嵌入環狀鐵件。

收邊處理／蛇紋石背切打磨從2公分至1公分的過程，避免石材斷裂是其一挑戰；鐵件與蛇紋石做成模具後，二者結合的密合度咬合問題，特別是弧線處，還是得現場手工打造，又是另一考驗。

圖片提供＿森境＋王俊宏室內設計

大理石 X 鐵件 X 木作

圖片提供＿森境＋王俊宏室內設計

木鐵為樑柱，將石材柔和化

電視牆採用具優雅光澤的安格拉珍珠為主體，刻意只做半屏障的設計，使視覺保有通透感。施作順序是先下鋼架，木作進場，最後包覆石材，層層強化結構，使其能擁有絕美造型之餘，亦不失機能性，一個實用的收納櫃就隱藏於左方的大理石門片之下。而電視牆的背側藏了一座木拉門，讓開放的玩樂區瞬間成為獨立書房。

收邊處理／打造大曲面的石材僅能從大塊方料取樣，但受石材徑寬限制，反而創造上下脫開的細節層次；多留出的距離，使在方料進場美容和組合時，師傅在運送和施作過程能有些許容錯空間。

大理石 X 橡木 X 鐵件

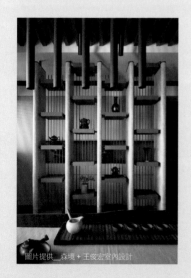

圖片提供＿森境＋王俊宏室內設計

混合工種的虛實隔斷表現

桿欄形式的展示架表現「虛實隔斷」概念，同時也減輕此一量身訂作品的壓迫感。混材方面，石材的部分受限安格拉珍珠板材條件，採對切方式製作，與天花板的銜接是以鐵件接合，加強整體構件的強度與安全展示考量。茶道具的陳列平台選用橡木，並以鐵件使其與大理石間有所支撐，茶空間融匯了木、石、鐵件與自然環境相呼應。

收邊處理／動用了三、四種工種，木、鐵、石每一塊都是預埋件，組裝工序尤為重要。先處理立面石材，預埋在木工天花板的結構基礎；二是與橡木層板的結合，最後是鐵件格柵營造屏風效果。

圖片提供＿森境＋王俊宏室內設計

星空鮮活紋理揉塑現代洗鍊

空間的起承轉合，透過厚實的隔間量體完美界定玄關與
公共區，製作過程最辛苦的地方依舊在於五金結構的承
重度，必須投入相對的時間與人力手工打磨原石，背切
量體縮減至1公分的薄度，才能成就鮮活石材紋理的多
功能島狀鞋櫃。圓潤轉角勾勒流暢弧線，結合隱藏式收
納手法，塑造簡潔洗鍊的空間感，展現精湛工匠技藝的
職人精神。

收邊處理／鞋櫃隔屏間設計有穿鞋椅，由於玄關 45 度角隔
屏與櫃體兩者皆是落地大理石量體，無荷載顧慮，故座椅區
的素材用木結構包覆波龍地毯，取代冰冷的石材。

圖片提供＿森境＋王俊宏室內設計

扶手藏 LED 的淬鍊光域之梯

這是一座講究細節與精緻工法的別墅
建築樓梯,在樓面寬度足夠的前提下,
得以有較大的空間揮灑設計概念。內
外側的扶手以不同材質與形式表現,
外側是石材、玻璃與鐵件的結合,內
側為鍍鈦不鏽鋼嵌入牆壁,並運用此
設計裝設 LED 照明,提供夜間光源的
需求。另外特別費心之處,是在樓梯
轉彎處的石材做了大弧形處理取代常
見的直角。

圖片提供＿森境＋王俊宏室內設計

圖片提供＿森境＋王俊宏室內設計

收邊處理／外側扶手的玻璃要能支撐鐵件的兩大要素,一是本身厚度要有 15 厘之厚;二是玻璃插入石材溝縫,除了講求一定深度之外,接著劑打在溝縫內,細節面會比較美觀。

水磨石

形塑古樸氛圍的常力軍

水磨石在台灣被歸類為復古的材料，但在國
外卻視其為新興的潮流建材，並為其設計開
發了許多不同花紋的樣板，效法磁磚量產化
的方法，賦予其統一的規格尺寸，可根據空
間大小與相異的功能性選取適量的石板進行
拼接，此轉變使水磨石得以跳脫過往只能現
場施作的限制，使其得以拓展其可運用的層
面，不再只能作為地坪使用。除此之外，施
工方法的改變也成為水磨石得以風行的關鍵
因素，告別過往隨著濕式施工所產生的大量
廢水，近期所發展出的乾式施工法有效的解
決了裝潢廢棄物的問題。

使用要點

若使用水磨石板塊來進行拼接，會較容易造成
溝縫，可採用塑膠材質的收邊條來收邊，相較
於傳統的銅條更加不易造成龜裂，而若想以水
磨石作為浴缸的飾面材，可利用乾式施工法製
作，保留其圓潤的手感。

設計師的話

KC Design Studio 均漢設計／曹均達：「**水
磨石過去多用在地板，是很典型的台灣材料，
顆粒也比較小，現在則可以控制石頭的大小，
因此有了多種石塊的塊面表現，而加入樹脂的
新技術也提高了其抗裂性。**」

水磨石　X　木素材　X　玫瑰金鍍鈦

新穎配色的水磨石，以木素材表現質樸

以粉嫩色調為主軸的空間，希望材料的呈現能
具有多樣性，因此採用區分塊面的邏輯來表
現，以蘋果表面與剖面差異的概念為靈感，
讓水磨石與木素材成為立面的主要裝飾材，採
用的是無痕樹脂水磨石，可靈活的根據塊面大
小、曲面直線進行拼貼，與木素材之間的邊界
處採用預留溝縫的方式進行收邊；此外，空間
中局部使用了玫瑰金的鍍鈦，提煉出細緻的奢
華感，也讓空間的調性多了一分層次。

圖片提供＿ KC Design Studio 均漢設計

收邊處理／由於水磨石屬於透心材質，而非僅僅是貼皮，因此即
使是側邊也能當成材料的飾面使用，因此亦可省去收邊的工序。

圖片提供＿大名 X 涵石設計

簡約細節透露精品時尚感

以進口服飾、首飾、傢飾品為主的展示空間，大面積使用水磨石鋪貼地、壁背景，刻意簡化的材質與線條，成功描繪俐落優雅面貌；同時利用低調奢華的淡藍色結晶大理石擔任櫃檯角色，特殊的透光貴氣特質與對花設計隱喻精品時尚主題。

收邊處理／大理石櫃台與地坪連結處作內縮小踢腳處理，利用小溝槽凸顯轉折處的立體深度，令視覺不單調呆板。

溫潤木色點綴，時尚灰階展示空間

軌道燈有如樂譜一般弧形懸吊排列，充滿律動感的畫面成為步入店中的第一印象，傳達靈性優雅的品牌個性，低調導引視覺與動線。水磨石、水泥等建材演繹的大面積時尚灰調穿插溫潤木色，點綴金屬元素，女性服飾展示其中，剛好利用柔美中和空間冷調，表現剛柔並濟和諧之美。

收邊處理／水泥粉光、超耐磨木地板與水磨石地坪間選用5mm不鏽鋼條收邊過渡，用顏色與細緻線條弱化銜接落差。

圖片提供＿大名 X 涵石設計

石皮

堆砌出空間的張力

石皮,主要是取自岩石的皮,它的取材方式不像一般傳統石材以切割處理,而是以「劈」、「鑿」等方式將它取下,在劈開或鑿開的過程中,會使用像是火藥來進行,正因為火藥爆裂開來的過程無法預期,鑿開後擁有不經過任何人為修飾所呈現的表面,一片片堆砌在空間中,能產生獨特的況味,同時也是最貼近大自然的天然建材。

使用要點

取自岩石的石皮,本質仍為石材,即帶有一定的重量存在,若要呈現於壁面,厚度仍要留意,若過厚相對重量較重,會影響到牆壁的承載問題。工一設計 One Work Design 在選用時,厚度會落在 8 ～ 12 公分之間,帶有一定程度的立體感,同時又不會顯得過厚。

設計師的話

工一設計 One Work Design ／張豐祥、袁丕宇、王正行:「**在選擇石皮時可以考慮以火藥鑿的形式,正火藥爆裂開來的過程無法預期,也能讓最後呈現出的面狀、線狀都很不造作,更貼近自然。**」

石皮 X 黑鐵烤漆

圖片提供＿工一設計 One Work Design

深邃之間仍能感受到質地之美

工一設計 One Work Design 設計師張豐祥認為,材質除了帶來視覺的饗宴,另也能替使用者的心理、觸覺帶來不同的感受。因此在此案裡,運用石皮刻畫客廳、中島吧檯的端景牆,獨特的肌理使得空間裡充滿自然氣蘊,用手觸摸也能感受到石皮粗糙質地,加深觸覺感受。為了賦予端景牆置物機能,選擇在石皮之間加入黑鐵烤漆的鐵件作為層板,輕薄鐵件剛好與厚重石皮產生一種對比效果,而同為深色調性的兩者也共同造就出深邃美感。

收邊處理／石皮堆砌之間以溝縫做收邊表現,至於在鐵件部分因必須嵌入照明,為有效修飾管線則以軟質皮革編織做包覆處理。

圖片提供＿尚藝室內設計

石皮 ✕ 大理石 ✕ 鐵件

精緻飯店衛浴暗藏粗獷山林湯屋

主臥衛浴在乾區洗手台採用精緻大理石搭配鐵件，創造出精品旅館式迎賓氛圍；然而當推開門片、進入洗浴場地時，眼前風格隨之一變，降板浴缸背倚粗獷石皮牆面，陽光從窗外灑落，自然原石肌理映入眼簾，仿彿走進山林湯屋一般，戲劇化的空間風格轉換，達到徹底放鬆身心效果。

收邊處理／石皮背牆採用自然拼接手法展現，展現自然岩石的凹凸紋理；因為石皮重量較重，為了保障安全性，採用乾式壁掛工法，也能減少日後白華產生。

雲石

天然花紋呈現出眾質感

雲石又為大理石的別稱，其主要成分為石灰岩或白雲岩等，再經由地質變化而成。特別的是，其表面擁有獨特的紋理，如雲彩、山水等，色澤美麗且花紋鮮明，常令人驚豔不已。也正因為雲石本身的紋理相當特別且具質感，適合作為地板材或主視覺牆設計，經由表面處理或拼花手法，即能產生不同的組合變化，達到豐富空間的呈現效果。

使用要點

雲石屬於天然石材，仍具有毛細孔存在，因此會吸水，並非所有空間皆適合使用，較為潮濕的空間如廚房、衛浴，則較不建議使用。另外，要將石材掛至壁面時，一定要注意載重問題，所施作掛載的工法一定要能足以支撐材質的重量才行，才能避免掉落下來的疑慮。

設計師的話

壹正企劃有限公司 One Plus Partnership Limited ／龍慧祺、羅靈傑：**「雲石屬於自然原生素材，其質感與表情具有獨特性及時間痕跡，運用在環境中能帶出出眾的質感。」**

圖片提供＿壹正企劃有限公司 One Plus Partnership Limited

圖片提供＿壹正企劃有限公司 One Plus Partnership Limited

不同質地與表面特色，碰撞剛硬材質對比

為了突顯品牌與空間的性格，壹正企劃有限公司 One Plus Partnership Limited 創辦人龍慧祺、羅靈傑以天然的雲石來做表現，輔以仿古手法來處理石材表面，以加強材質本身的凹凸效果及自然的質感。空間裡嘗試與同樣屬剛硬材質的金屬板一起做搭配使用，藉由本身質地傳遞出兩種效果，一種是以石材的堅硬以及金屬的剛硬，相互帶出不同的「硬式」對比感，另一種則是將表面為凹凸有致的石材，及表面光滑的金屬相互融合，交融出粗糙與平滑的對比質感。

收邊處理／雲石部分使用不同尺度的塊狀做銜接，之間以溝縫作為收邊處理，至於在金屬板與石材之間是使用鑲貼與吊掛安裝，巧妙地接在石材紋理的線上，宛如讓金屬板從石材原生端延伸出來一般。

雲石 X 金屬架 X LED 光源

圖片提供＿壹正企劃有限公司 One Plus Partnership Limited

借助統一色調，讓金屬、雲石與光源平衡呈現

這是武漢銀興國際影城（光谷時尚城店），設計者在規劃時回溯到傳統電影放映的原理，即一格格膠捲快速的通過鏡頭從而形成運動的畫面，便以這樣的概念去構思整個項目。可以看到影廳大廳內運不同尺寸的金屬網架，高低錯落的排列在一起，讓整體更具層次感；特別的是將金屬網架做成了橘紅色並配合 LED 燈光，讓光線由內而外的豎向排列開，讓人們的視覺不自主的向上看，連帶也將大廳挑高尺度給體現出來。混材搭配上按整體色系進行考量，大廳內的座椅是以一款偏橘色的雲石所構成，在整體調性不偏離的情況下，能感受不同色系的異材質。

收邊處理／金屬架、雲石椅各自以同一材質製作而成，俐落的塑形與線條交織下形成收口，設計者特別留意收邊處，避免一些斷口所造成的不美觀情況。

圖片提供＿壹正企劃有限公司 One Plus Partnership Limited

色系鋪陳讓材質、設計成視覺焦點

這個影城項目位於西安，構思設計最初壹正企劃有限公司 One Plus Partnership Limited 團隊聯想到影像中的膠捲負片，負片是經過曝光與顯影加工後所得到的影像，負片上的明暗關係與被攝物體正好相反，為了想突顯負片特殊的顏色概念，此案大廳以紅、白兩色來做鋪陳，白色人造石從入口處向檢票口延伸開去，碰撞到紅色人造石，顏色製造出一種分割關係，宛如一道光線照射下來，將空間分隔開一樣，分野界線俐落分明。滑梯表面為人造石，地面則是為石英石，特別將石材加工成長條鋪設，並且刻意設計了拼縫，製造出層層條狀效果。空間另一隅也運用不同的顏色將空間分割開來，此區是黑與白搭配，黑色圈圈宛如影像鏡頭一般，一旁則搭配雲石帶出不一樣的質感效果。

收邊處理／人造石材做緊密貼合，邊緣處再做倒角修飾，與其他地坪、天花的材質則是透過不落地、錯置方式，巧妙地與其他材質相互收攏。

圖片提供／壹正企劃有限公司 One Plus Partnership Limited

玻璃

材質解析

具有透光、清亮特性的玻璃建材，有綿延視線、引光入室、降低壓迫感等效果，可以説是「放大」和「區隔」空間必備的素材之一；結合玻璃的透光性和藝術性設計，更讓它成為室內裝飾、輕隔間愛用的重要建材。住宅空間的採光是否足夠，是規劃設計時重要的課題，而玻璃建材絕佳的透光性，在做隔間規劃時，能更有彈性地處理格局，援引其他空間的採光，避免暗房產生，讓它成為空間設計中相當重要的一種建材。若欲以玻璃取代牆面隔間，一般製作玻璃輕隔間需使用 10mm 厚的強化玻璃。具有隔熱及吸熱效果的深色玻璃為許多高級住宅所採用，在兩片玻璃間夾入一強韌的 PVB 中間膜製成的膠合玻璃，則是擁有隔熱及防紫外線的功能，還可以依不同的需求配合建築物的外觀，選擇多樣的中間膜顏色搭配。

● 優點

玻璃優點根據不同種類各有所異，一般常見的清玻璃最常被運用在室內設計上，它的透光效果高，具放大空間功能，如果沒有特殊設計者價格便宜，另外像是烤漆玻璃可以增加空間質感、便於清潔，膠合玻璃則是能透過選擇各類造型平板玻璃內夾色膜、宣紙、金屬等不同材質，讓隔間、門窗擁有更多設計變化，與其他建材區分出獨特、無可取代特性。此外，U 型玻璃本身透光但不透視的特色，很適合運用在需要自然散射光，又需要保有隱私的場合。

！ 使用注意

做隔間或置物層板用的清玻璃，最好的厚度為 10 公厘，承載力與隔音較果較佳。10 公厘以下適合作為櫃體門片裝飾用。而膠合玻璃的 PVB 材質是選購重點，需要詢問廠商膠材的耐用性，以防使用不久後膠性喪失。

圖片提供＿SK相設計

清玻璃加了特殊貼膜也能呈現多樣的變化性。

圖片提供＿KC design studio 均漢設計

位於客廳後側的獨立書房，以清玻璃貼覆漸層膜作裡外區隔，
建構出柔和的視覺緩衝，朦朧的隔間、不落地的設計手法，令
整個書房輕盈、漂浮起來。

搭配技巧

空間

玻璃可以應用的範圍相當廣泛，從隔間、立面裝飾、門，甚至是外牆結構與窗戶都可以使用玻璃，常見將玻璃規劃為隔間，最大的優點是可以增加視覺延伸、光線的通透，隔間框架多半是以鐵件或是木作為主，作為全隔間形式時，可以用矽利康灌注固定，或是玻璃先嵌在天花板、地坪上的溝槽，會更為穩固，另外如玻璃磚則是可利用整磚或是混材手法收邊。

風格

玻璃的樣式選擇多，並不侷限於特定風格，最常運用在空間設計的有：清玻璃、霧面玻璃、夾紗玻璃、噴砂玻璃、鏡面等，透過設計手法能有放大空間感、活絡空間表情等效果；此外還有結合立體紋路設計的雷射切割玻璃、彩色玻璃等。

**材質
表現**

玻璃運用在裝飾設計上，還可利用雷射切割手法創造藝術效果，或是選用亮面鍍膜的鏡面效果放大視覺空間，而豐富多元的彩色玻璃，也是營造風格的利器。

顏色

清玻璃由於製作成份當中含有氧化鐵成份，因此玻璃呈現出帶綠的色澤，另外還有茶色玻璃、灰玻璃、黑玻璃這類色板玻璃可選擇，而膠合玻璃則是可以透過內夾色膜創造出更多不同變化。

夾膜玻璃

夾入多種素材，展現豐富飾面

夾膜玻璃又稱為膠合玻璃，為在兩片玻璃之間夾入 PVB 膜的建材，過程有如製作「三明治」一般，外側玻璃可選擇不同厚度的清玻璃、噴砂玻璃、彩色玻璃或者鏡面玻璃等，而內部可夾層的素材更是五花八門，包含光膜、色膜、金屬、宣紙……等，使玻璃建材的變化更加多端，也讓裝飾的趣味增色了不少。

使用要點

膠合玻璃由於中間的薄膜具有絕佳的強韌以及黏著性，因此玻璃若不慎遭到撞擊而破碎，亦不會飛濺四散，可保障日常使用的安全性。

設計師的話

KC Design Studio 均漢設計／曹鈞達：「**膠合玻璃需要注意之處在於，兩片玻璃之間需慎防滲水或者空氣的排入，以免導致膠膜脫落。**」

夾膜玻璃 X 水磨石 X 木素材

圖片提供＿KC design studio 均漢設計

兼具少女時尚以及懷舊氛圍

位於 2 樓的主臥室，使用了粉紅夾膜玻璃區隔出專屬的更衣室，以粉紅色調與空間的主色調作出呼應，卻因其輕透性而不顯得過度粉嫩華麗，以具有溫潤質感的木地板緩和出跳的風格性。同時，從公領域延伸到私領域的水磨石依舊是空間中亮眼的點綴，刻意將其銜接於粉色夾膜玻璃下方，以石材的堅硬對比出玻璃清透與輕盈感，而花色清新繽紛的水磨石與粉嫩色調亦為絕佳的搭配。

收邊處理／膠合玻璃於安裝施工時，萬不可使用酸性膠，以免酸性膠腐蝕中間的夾膜膠，破壞其黏性，導致玻璃與中間介質產生分離、變質的情況。

圖片提供 _ 大名 X 頑石設計

六角品牌圖騰中的幻影櫥窗

玻璃中島選用可承重的折射夾膜玻璃，方便吊掛展示，精緻單品陳列其中、經由折射膜呈現出獨特的虛幻視覺效果，兩側玻璃櫃則運用夕陽紅色系夾膜玻璃表達超現實場景。地坪透過磁磚與鐵件拼組品牌特有的六角型形象圖騰，對應入口處的立體六角櫥窗，形成跨平面的意象轉換。

收邊處理／地坪圖騰製作需先以泥作鋪貼內外磁磚，預先保留山型鋸齒間隙，再利用木作精準打版模型送至鐵工廠製作，最後無縫密接完成

U 型玻璃

可展現流暢曲線美的玻璃材質

U 型玻璃為將玻璃經過特殊的壓延、立體熱
軋成型，構成兩邊具有彎曲的側翼，且呈現
透明條狀的牆體玻璃材，其橫切面呈現 U
型輪廓，因此稱其為 U 型玻璃或者「槽型
玻璃」。由於其 U 型斷面，因此較一般平
板玻璃更具有撓曲度以及機械強度，具有理
想的透光性、保溫隔熱性以及良好的隔音功
能。其透光卻不透視的特性，可提供空間充
沛的採光，同時保有適度的隱私，為十分實
用且美觀的一種玻璃建材。

使用要點

U 型玻璃根據壓紋可分為噴砂霧狀、長條狀、
平面以及點狀等多種花紋，於材質上可分為一
般透明玻璃以及超白玻璃，若想要使隔熱效果
更加顯著，可選擇表面具有鍍膜的 LOW-E 玻
璃，可於夏天散熱，冬天則減少熱能流失。

設計師的話

水相設計／李智翔：**「U 型玻璃可發散理想的
柔和光線，且具有良好的隔音效果，因此多運
用於辦公空間。」**

U 型玻璃 X 鋼架

展現曲面軟性美感與剛強語彙的張力

位於高雄民雄工業區的工廠，揮別傳統的工廠印
象，轉以精緻細膩的路線創建建築物的表情。外
牆使用了 U 型玻璃，借重其可透光卻不透視的特
性，讓自然光得以順利進入室內，取代原本的鐵
板牆面。為了扣合工廠意象並強化結構的穩固
性，以鋼材與之搭配，並保留了工廠地面的水泥
原色，呈現粗獷而具現代感的面貌。

圖片提供＿水相設計

收邊處理／邊緣將鋁合金或鋼製邊框嵌入建築體，將有側翼的一面朝內，另一面朝外，將玻璃上下扣入溝槽內即可。

玻璃磚

柔和朦朧光澤質感

玻璃磚是現代建築中常見的透光建材，具有隔音、隔熱、防水、透光等效果，不僅能延續空間，還能提供良好的採光效果，成為空間設計的利器之一，它的高透光性是一般裝飾材料無法相比的，光線透過漫射使房間充滿溫暖柔和的氛圍。透明玻璃磚給人沁涼的明快感，且搭配性廣，沒有顏色的限制。玻璃實心磚的彩色系列可以讓空間有華麗晶瑩的氛圍，並能跳色搭配，設計出想要的空間質感。

使用要點

玻璃磚沒有風格上的限制，可與清水模、紅磚、石材、木作等建材搭配，皆無違和感，更可進階在玻璃磚內結合氣密窗、推開窗、方格磚、金屬構件造型框搭配堆砌使用，其折射感加上優美的透明度，反而可增加視覺上的美感。

實心玻璃磚 X 鐵件 X 磐多魔

圖片提供 © 尚藝室內設計

深具線條張力的剔透 L 型層次

大坪數住家廳區運用牆面與天花材質跨平面延伸、做出雙向 L 型結構，打造多元層次感。主牆以實心玻璃磚內縮嵌於鐵件格柵當中，融合黑色線條張力與實心玻璃磚的專屬剔透表情，手作感十足的灰色磐多魔地坪襯底，搭配牆內暗藏 LED 光，在工業、現代混搭風格中，營造明暗間不同情調。

收邊處理／主牆鐵件先行入場施作完成，固定於原始地坪上，要請師傅於底部預留磐多魔厚度，等完工後才能拉齊平面、讓細節精緻無接縫。

特殊材 　》自然原始多樣化表現

材質解析

此處所指的特殊材，將包含 PANDOMO（磐多魔）、水泥板、美耐板、樂土、多孔隙塗料做介紹。PANDOMO（磐多魔）是水泥基礎的建材，有著簡潔與平滑的外貌，無縫的呈現方式可讓空間有放大的效果，同時也具有防火效果。水泥板則是做為室內裝飾用板材，擁有木紋紋路、水泥的質樸，又兼具水泥堅固、防火防潮特性，可以替單調、現代感空間增添個性。另外像是美耐板也是設計師們經常使用的建材，其顏色及質感在技術演進下提升許多，不論是仿實木、大理石或是金屬、皮革紋等皆十分出色，表面處理更趨真實。而近期更流行以各式塗料，改變室內氛圍，像是樂土灰泥、多孔隙塗料，強調成份取自於環境且不含揮發物，居家空間更健康環保。

優點

磐多魔：無縫平滑且耐磨，可營造寬闊且同時具有整體性的空間感。

水泥板：防火耐燃，其中木絲水泥板兼具硬度、韌性且輕量特色於一身，多半被用來做為裝飾空間的面板。

美耐板：耐刮耐撞，防潮易清理，樣式種類選擇多樣，仿木紋、石紋又比真實木材或大理石價格來的平實。

樂土：施作範圍廣泛，附著性佳，一方面藉由台灣淤泥改質技術，更適合高溫濕熱氣候。

多孔隙塗料：吸水性強，有效調節環境濕度。

使用注意

磐多魔：材質表面有天然氣孔和紋路，使用久了之後氣孔會逐漸增加，可透過專業的拋光處理，延長使用年限。

水泥板：木絲水泥板能防潮，卻不能真正防水，不建議使用在浴室或淋浴間較濕的空間。

美耐板：金屬美耐板遇水易變色，不適合用於衛浴空間，經常以手觸摸的區域也不建議使用，避免手汗影響到整體色澤。

樂土：由於樂土於各種材質底材顯色不一樣，建議經過小量試做，確認顏色再來施作。

多孔隙塗料：完工後驗收先檢查邊邊角角的收邊有沒有做好，並且檢查是否有手印等髒汙殘留。

圖片提供＿工一設計 One Work Design

以磐多魔作為地坪，無縫的表面加上色調，搭配水磨石材質，讓空間展現質感。

圖片提供＿大名╳顽石設計

美耐板的運用範圍廣泛，立面裝飾之外，此處更用於鋪貼成為樓梯的踏接側面，塑造出與磨石子地坪一致的視覺效果。

搭配技巧

空間

樂土使用上較無限制，任何材質都可以施作，美耐板則可施作於立面裝飾或是檯面，水泥板因為硬度高，立面與地板材皆適用。PANDOMO（磐多魔）一般可使用的區域包含地面、牆面甚至於天花板，彈性大、應用面廣。

風格

樂土、水泥板較適合工業風、現代風、LOFT 風等水泥質感需求的空間，美耐板則可根據氛圍選擇不同的表面質感；水泥板則適用現代風、混搭風空間。

材質表現

樂土灰泥經抹刀拋鍍，可使水庫淤泥礦嵌入孔隙中，微結構更密實，表面會自然呈現光滑如絲的觸感，其呈現紋路彷若台灣月世界地形一般，表面光滑質感如同石材，被稱為台灣的「水泥花崗石」。

顏色

PANDOMO 的顏色眾多，若想表現沉靜優雅的現代風，可使用黑色或灰白色系，若想呈現溫暖的木質調，可選用磚紅或紅棕色系。若想有花紋的變化，可加入磨石子去搭配，使空間顯得更活潑。美耐板依表面樣式又分素色、木紋、石紋、特殊花紋等，樂土與水泥板則是屬於原始質樸的色調。

PANDOMO

完美呈現無接縫效果

PANDOMO（或譯磐多魔）以水泥為基材，
施作時會再添加樹脂、石英砂等，不但硬
度提升，表面擁有自然氣孔及紋理，更增
添手工質感，本身也不像水泥般無彈性，或
經熱脹冷縮後容易有龜裂的問題。另外，
PANDOMO 也可經由色彩調配，製造多元
樣式，抑或是運用鏝刀刷出自然、獨紋理
等。

使用要點

鋪設 PANDOMO 時可以不用敲除原地磚，直
接覆蓋使用，但前提是，地材不可以是木地板，
以及要確保本身鋪有地磚或大理石的地面無其
他問題才行。雖然 PANDOMO 擁有防潑水功
能，但材質本身經長時間接觸到水或帶有油漬
的油煙，容易影響材質的使用壽命，故不建議
運用在淋浴空間，或是快炒處理會產生大量油
煙的廚房裡。

設計師的話

工一設計 One Work Design ／張豐祥、袁
丕宇、王正行：「**PANDOMO 它偏向於減法
性材料，本身簡單卻富含特色，但在進行混搭
運用時，又能用那分簡單突顯其他異材質的特
徵。**」

圖片提供__工一設計 One Work Design

兼容並蓄地把其他異材收攏在一起

中性調性的空間裡，為了讓地坪擁有層層韻味，同時視覺與觸感別有次序，工一設計 One Work Design 嘗試在環境裡以 3 種不同材質來做表述。工一設計 One Work Design 設計師張豐祥談到，單以水磨石銜接木地板，既無法突顯兩者各自特色，視覺呈現亦會顯得複雜，於是以 PANDOMO 作為中介，它就像素色的白一般，擁有絕佳的包容性，兼容並蓄地把水磨石、木地板一同收攏在一起，既不會搶走各自的風采，又能映襯出特色

收邊處理／由於 PANDOMO 能呈現出無接縫效果，當碰撞到其他異材質時，也以無接縫方式巧妙收邊；至於在對應架高的水磨石地坪時，則以一圈細燈帶來做處理，輕鬆將讓兩者串接在一起。

圖片提供＿尚藝室內設計

大膽多材質混搭，佛堂、酒吧和諧共存

臨窗區一邊為佛堂、另一端則是酒吧，設計師運用沉穩的灰黑磐多魔、石材大面積連通兩側，居中立著不鏽鋼牆面、襯著從下方打上來的桃紅 LED 暈染光源，暗喻空間機能的過渡；而佛堂本身利用鏤空發光的金黃字體熠熠生輝、凸顯主題。整體空間充滿趣味、莊嚴、工業風與科技感衝突混搭，視覺因色調的平衡與光源巧妙應用令人感到無比和諧。

收邊處理／桃紅 LED 光帶在這裡除了擔任燈光暈染、視覺導引角色外，亦為不鏽鋼牆面與手工鏟刀工法磐多魔地板的收邊過渡材。

磐多魔 X 鐵件 X 仿清水模塗料

個性鐵格柵串聯沉靜灰調廳區

憑藉著住家擁有的先天大面落地窗採光優勢，室內空間以沉靜的灰、黑背景作色彩主軸。大面積手作鏝紋的磐多魔地坪，搭配內側仿清水模塗料從立面延伸過道天花，利用顏色統一視覺，再透過細節紋理轉換、塑造畫面上的層次變化；而貫穿廳區的鐵件格柵天花，則是連串公共區域、同時擔任個性主景角色，鏤空設計打破空間高度，視覺穿透賦予空間大器無壓視感。

收邊處理／磐多魔地坪與內牆、天花的仿清水模塗料，都是以專業師傅手工塗布而成，為了呈現無接縫的視覺俐落感，皆需仰賴精良的施作技術，以無縫收邊處理。

圖片提供_尚藝室內設計

水泥板

與天然水泥相匹配

水泥板是一項混合水泥與木材的材質，擁有如木板輕巧、具彈性的特色，同時又具水泥堅固、防潮、防霉等特色。水泥板本身表面擁有獨特的紋理，再加上其熱傳導比其他材質的板材低、掛釘強度高，使用上更方便。因水泥板本身不易彎曲與收縮變形，且耐潮防腐，再加上材質輕巧施工快速，常用於商業空間做局部造型或焦點的呈現。

使用要點

若想將水泥板運用在天花板上，需特別注意支撐骨架的整體結構。因材質重量較重，需增加骨料密度以強化結構，避免安裝後天花板崩塌。再者因水泥板硬度較高，也常作為地板材，若要將水泥板施做成地板，應特別注意地面是否平坦，若底部不平坦，地板上若放置大型櫃體或重物，則容易造成水泥板龜裂的現象產生。

設計師的話

壹正企劃有限公司 One Plus Partnership Limited ／龍慧祺、羅靈傑：「**水泥板材料市場上很普遍，易於加工關係，使得運用範圍相當廣泛，再加上其價格不昂貴，利於控制成本。**」

圖片提供＿壹正企劃有限公司 One Plus Partnership Limited

水泥板 X 灰色麻石 X 金屬板

收邊處理／灰色麻石、水泥板、金屬板主要利用溝縫收邊處理，而水泥板在與金屬板術接上，則是在金屬板上做鏽面處理，透過相近色做術接；至於在麻石與水泥板之間，兩者做出不同的轉角、折角造型，並將收口處乾淨俐落呈現，彼此呼應以達到視覺上的收攏效果。

圖片提供＿壹正企劃有限公司 One Plus Partnership Limited

以水泥板為底，結合麻石、金屬板敘寫灰階冷冽感

預算有限下又希望能表述出空間質感，壹正企劃有限
公司 One Plus Partnership Limited 創辦人龍慧祺、
羅靈傑兩人嘗試以水泥板為基調，另搭配灰色麻石及
金屬板，共同帶出灰階冷冽感。天花與牆面皆採用水
泥板，且所搭配的石材、金屬板顏色均跟著它走，不
僅空間整體乾淨且純粹，還能創造出灰階的不同層次。

圖片提供＿壹正企劃有限公司 One Plus Partnership Limited

樂土

展現水泥調性的新興塗料

樂土為國立成功大學土木系「輕質與結構材料試驗室」所研發製成的，將水庫的淤泥再生改製為可用於空間中的塗料，僅需簡易的塗抹技術，便能使一般木作、水泥板、矽酸鈣等各式板材或者壁面轉化為水泥質感。除了最原始的灰泥色調，樂土亦可以壓克力原料進行調色，變化十分多元且可融入各式風格空間。樂土具有防水、透氣、防壁癌、黏著性高等優點，近幾年於居家或者商空均十分常見。

使用要點

樂土十分平滑好抹，因此十分適合屋主於家中DIY，可先小量試做，確認泥色後再來整體施作，完工後可保留人工手作的紋理與痕跡。

設計師的話

共序工事／洪浩鈞：「**樂土施作完畢後的壁面可平滑亦可保留塗抹痕跡，根據不同的色彩與紋理需求，可實驗加入不同的材料進行混合，使用的靈活度與自由度皆高。**」

樂土　X　黑碳　X　六價五彩鍍鋅

圖片提供＿共序工事

仿墨色暈染的壁面，流動彩虹成為亮點

此小酒館以酒窖作為氛圍的定位，試圖營造神秘感，因此實驗了將碳粉加入樂土中的做法，果真製造出有如墨色暈染般的壁面，不均勻的濃淡變化讓空間更添深邃感；此外，為了讓壁色更加具有靈動感，又土法煉鋼的以銀色噴漆少許的噴灑於牆面，使其在燈光的照耀下能有輕微的反光，進而銜接壁面懸掛的六價五彩鍍鋅板，其具有流動感的彩虹光澤有如黑暗中的一道光，為空間注入了精神性意義，也使其前後景深層次更加立體。

收邊處理／若不想要破壞牆面則可以懸吊的方式來掛置六價五彩鍍鋅板，而塗抹樂土時，可於邊角處黏貼紙膠帶，避免塗料沾染到其他的立面。

圖片提供__共序工事

混搭形式 04
多孔隙塗料

展現紋理，細緻凹凸使空間感更深邃

傳統的油漆塗料在光源的照射下，容易產生
反光的效果，對於年長的人來說會間接的傷
害視力，近年愈來愈流行多孔隙的塗料，最
常見的如珪藻土、樂土……等，由於具備孔
隙的特性，因而得以吸收光線，進而解決了
壁面反光的問題；同時壁面得以維持呼吸，
並兼具調節濕度的功能性。此外，除了購買
現成的多孔隙塗料，也可仿效傳統海港漁村
製作外牆漆料的手法，將蚌類外殼打碎後，
加入石灰粉、色粉以及黏著劑，相互攪拌成
自製的塗料，同樣能展現豐富多變的肌理，
吸附空間多餘水氣的功能性亦優。

使用要點

加入牡蠣殼的塗料還具備甲殼素塗料的功用，
不含重金屬等有毒物質，可避免二次汙染，可
直接塗抹於裸板，亦可避免房屋新裝修後的刺
鼻味。

設計師的話

合風蒼飛設計＋張育睿建築事務所／張育睿：
**「有孔隙的塗料能更有效的吸收光線，避免太
陽或燈光照射時呈現反光面，且讓表面展現出
些微的凹凸紋理，遠看是普遍常見的白牆，但
其實就近看會發現有豐富的顆粒表情」**

圖片提供＿合風蒼飛設計＋張育睿建築事務所

收邊處理／在塗抹時與留意角度，避免塗抹
不均或者垂流，如此才能讓其與異材質銜接
的邊界能收的俐落乾淨。

圖片提供_合風蒼飛設計＋張育睿建築事務所

顆粒表情與古銅鐵架，展現輕奢與復古感

以喜餅起家的餅鋪，為了扣合其位於海線的地理位置，以及避免讓牆面產生反光的效果，從牆面到吧檯立面的材質皆是以加入打碎的牡蠣殼製成的多孔隙塗料鋪成，遠看時有如普遍常見的白牆，近看時會發現其具有豐富的顆粒表情，表面輕微的凹凸紋理在光線的照耀下提煉出深邃靜謐的氛圍。牆上掛置的俐落櫃體由漆上古銅漆色的鐵件製成，帶有輕奢意味的金屬光澤與觸感質樸的塗料形成互補關係，巧妙地塑造出喜餅店鋪應有的喜氣感與低調的尊貴氣息；而全室鋪設的水磨石地坪，更是提煉出老字號品牌的年代感。

美耐板

施工快速、物美價廉

美耐板又稱為裝飾耐火板,發展至今已超過100 年歷史,由進口裝飾紙、進口牛皮紙經過含浸、烘乾、高溫高壓等加工步驟製作而成。具有耐磨、防焰、防潮、不怕高溫的特性。由於使用範圍廣,美耐板材發展至今顏色及質感都提升很多,尤其是仿實木的觸感相似度高,再加上美耐板耐刮耐撞、防潮易清理,符合健康綠建材,優良廠商的產品更是擁有抗菌防霉的功能,許多高級傢具在環保與實用的訴求下,也逐漸以美耐板來展現不同的風格。

使用要點

黏貼美耐板時要注意收邊接縫的問題,若銜接不好,在轉角處會有黑邊出現,有礙美觀。由於美耐板沒辦法轉 90 度,轉角處容易有黑邊出現。可將木皮噴成與美耐板同顏色,修飾黑邊問題。

美耐板 X 漆 X 超耐磨木地板

圖片提供__大名 X 湉石設計

材質延伸立面,打造輕淺設色弧形階梯

一樓空間顯眼的樂譜排列線型燈具,將視覺延伸至仿水泥漆弧形端景牆,一旁的大開口弧形階梯仿佛伸開雙臂、迎接來訪客人到下一層展示空間!低調的迎賓路徑導引,伴隨水泥灰、木色、磨石子等讓人放鬆的清淺素材拾級而上,悠閒度過舒適無壓的購物時光。

收邊處理／要先利用木作打出弧形臺階版型,方便泥作按尺寸、弧度施作;立面鋪貼仿磨石子美耐板、呼應一樓水磨石材質,踏面則鋪覆超耐磨木地板。

圖片提供 © 大名 X 涵石設計

反射璀璨光芒的奇幻場域

位於展示區最內側規劃為 VIP 休息區，延伸地坪的灰，選擇以不鏽鋼美耐板作背牆材質，內嵌鑽石切割鏡面裝飾，凸顯搶眼舒適的六角型紅色沙發，與天花錯落如寶石般懸掛的瑪瑙燈，令客人在此歇腳休息時同時能感受奇幻、華貴的獨特空間效果。

收邊處理／將不鏽鋼美耐板牆面裁切凹槽，採無接縫密接方式精準內嵌鑽石切割明鏡圖騰。需注意的是美耐板材質較軟容易刮傷，施作、搬運時需格外注意表面防護。

供 _ 開物設計

質樸材料翻轉新意，打造時尚台味啤酒屋

30 坪左右的老屋改造為街邊啤酒店，為結合台灣文化、帶進在地質樸的設計元素，讓新舊福號做出完美融合，設計師重新詮釋復古材質翻轉出現代新意，例如夯土、抿石子、鐵窗窗花，夯土為早期三合院牆面材料，局部妝點於牆面，並選用與夯土質感十分契合的木絲水泥板鋪貼做為天花板，不儘施工簡單、更重要的是吸音效果非常好，對於餐飲空間更實用，無須再替換雙層門窗。ㄇ字型吧檯立面則選用抿石子元素鋪設，深淺雙色的線條分割下，呈現新穎的表現形式，空間中也大量運用不鏽鋼材質勾勒燈架、高腳座位踏板，潔亮的金屬肌理賦予環境更為理性的內涵。

收邊處理／深淺抿石子之間利用不鏽鋼為銜接，木絲水泥板內的支撐骨料密度也特別強化結構。

融入金屬亮面質感，讓復古多了新潮味

位於北京的台式排骨餐飲店，不以純粹的復古台味做規劃，而是特別融入新潮材質與設計手法，加上裝置藝術設計，讓時尚、傳統衝撞出令人耳目一新的視覺饗宴。於是對比懷舊小吃攤的桌椅呈現上，天花板選用金屬質感的水波紋美耐板貼飾，配上新舊椅凳懸掛的裝置藝術量體，末端廚房隔間立面則是鍍鈦板，前方也同樣以金屬美耐板雷射切割出城市倒影，以充滿現代、摩登的表現形式，賦予一種全新的復古氛圍。

收邊處理／美耐板與鍍鈦板直接以平接方式施作，鍍鈦板厚度建議選用 1.5～2mm 厚度，可淡化接縫處、鋪貼起來也會更平整。

圖片提供_博隡設計

Chapter 4

混材創意個案解析

掌握對於最新混材趨勢的認知，並且了解到目前最潮的混材元素與運用方法後，該如何實際的運用到空間中呢？此章節蒐集了住宅與商空的創意個案，同時也一一逐步拆解設計師們對於混材運用搭配的巧思，看看他們如何讓不同材質碰撞出令人驚嘆的效果，以及藉由材料的混搭講述空間的精神與故事。

揉入極光意象，以低彩度灰階襯托燈飾藝廊

高反光樹脂、水泥與玻璃燈飾，構築互利共生關係

混搭元素——水泥塗料 X 金屬 X 玻璃 X 樹脂地板

文＿Aria 空間設計暨圖片提供＿CUN 寸 DESIGN

| Project Data | 空間性質：商業空間／坪數：181.5 坪／建材：鋁板、水泥塗料、水墨藝術樹脂地板

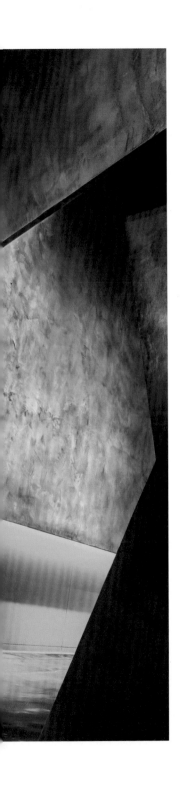

被譽為「中國燈飾之都」的廣東中山古鎮，有著數以千計的燈飾品牌在此聚集，不少燈飾旗艦店選擇在此駐足，作為品牌指標性的象徵。為了從大大小小的店面脫穎而出，CUN 寸 DESIGN 所設計的「綠豹燈飾旗艦展示中心」，捨棄以銷售為主要目的，而是作為重塑品牌形象的窗口，跳脫以往模擬家居場景陳列數百盞燈具的傳統印象，將展示中心藝廊化，改以少而精、精而細的設計思考，注入充滿科技感、未來感的氛圍，引導品牌年輕化。

首先將佔地兩戶空間的展示中心打通，並採用雙回字動線，無論走到哪裡，都能形成無限迴游的「∞」環形設計，讓人彷若在逛藝廊般流連往返。同時將五處出入口縮減成三處，除了保留主要入口，其餘兩個入口則分別有著大面落地窗，與戶外街道串聯，以及能連接內部商場的入口，由外而內的串接動線，藉此吸引人流駐足。

水墨綠樹脂地板融入極光意象，呈現低彩度、高光感的強烈對比

以往燈光都是作為輔助機能，一旦將燈飾作為展示主角，如何讓視線有效聚焦於燈飾，展廳的機能光源又不能搶盡鋒頭，便是設計的重要課題。設計師從品牌 LOGO 進行解構，將豹身肌肉分解成塊狀，同時將此概念融於天花與地面，不規則的立體結構經過精密計算，巧妙的斜切、交錯、拼排，形塑錯落分布的塊狀方盒，不僅視覺更為立體生動，也呼應品牌 LOGO 渾身衝勁的動態美感。燈飾也能安於方盒之中，形成一個個的獨立展示區，宛若藝廊的展品設計，解決光與光之間容易相互干擾的問題，也讓人能仔細欣賞每座燈飾的獨特之美。

偌大的方盒天花順勢延伸下拉，搭配水泥塗料，呈現龐大量體的冷調灰階，在大範圍低彩度的映襯下，更能聚焦燈飾的明亮，而地面則是以品牌色系為發想，採用水墨綠的樹脂地板，巧妙的暈染技法與高反光的表面塗層，當燈飾光源照射在地面上，便能觸發如夢如幻的光影冷暖變化，呈現如極光般的縹緲情境，為空間注入未來科技感的前衛氛圍。牆面則延續水墨綠與水泥灰，運用色彩將立面一分為二，近乎 2：1 的灰綠雙色比例，無形中將天花延伸至牆面，串接天地壁的視覺效果。

樹脂地板 X 水泥塗料

光感水墨綠地板與低調水泥灰，形塑強烈對比

從天花到地面融入品牌 LOGO 元素，地面刻意採用綠色的水墨樹脂地板，與品牌色系相呼應，表面塗層特意加入金色、夜光劑、珍珠晶體粉末，大大提高表面光感，在燈飾光線的照射下，搭配暈染的藝術效果，展現如同極光般的科技光感，賦予未來前衛的想像。同時天花與牆面採用冷調的水泥塗料，中性的灰階色系有效襯托地面亮度，形成強烈對比。而自成一格的水泥渲染肌理，也能與地面相互輝映，更能展現弱色彩、強質感的設計主軸。

水泥塗料 X 玻璃

方盒水泥天花作為配角，突顯燈飾的通透

不規則的方盒天花巧妙脫開或穿插交錯的設計，讓燈飾擁有專屬的獨立展示空間，同時方盒天花刻意向內斜切的設計，能聚焦每座燈飾的光源，有效避免光影相互干擾。採用低彩度、低光感的水泥塗層，搭配玻璃金屬燈飾，稱職的灰階背景更能襯出玻璃的通透質感，而細膩的金屬骨架也能更為突顯。樹脂地板的高光質感，則能與燈飾相互呼應。透過層層的材質堆疊，使天花、地面與展示燈飾形成良好的共生關係。

水泥塗料 X 金屬　　　**自帶光澤的金屬雕刻**

為了讓品牌識別更為突顯，在前台的服務區打造 LOGO 主牆，斜切的量體搭配躍動豹身，更能彰顯動態的爆發力，採用金屬雕刻的 LOGO，在水泥灰的映襯下，突顯金屬光感，有效聚集焦點。服務台則在接近地面的高度向內斜切，呈現懸浮的視覺效果，降低量體的沉重感，而服務台與地面的交接處則運用 1 公分寬的 U 型金屬槽收邊，展現細膩細節。各區的指示文字同樣採用金屬雕刻元素，在灰色牆面閃耀低調光澤，巧妙指引顧客行進方向。

混搭元素—— 木 X 磚 X 金屬 X 混凝土

藉原生材混搭訴說茶室意象

溫潤杉木緩和剛硬生鐵，灰磚搭襯禪意麻布

文＿王馨翎　空間設計暨圖片提供＿合風蒼飛設計＋張育睿建築事務所

距離台中審計新村僅有幾步之遙的兆兆茶苑，在熱鬧無比的觀光人潮中顯得十分內斂、沉靜，負責人陳宗均具有 30 年習茶、製茶的經驗，繼承父業後在南投擁有一座茶園，在開始二代經營後，希望能打造一間獨立的品茶苑，顛覆傳統茶葉店的販售以及茗茶型態，負責空間規劃的合風蒼飛設計張育睿設計師表示：「兆兆茶苑是一間老茶廠面臨轉型的起點，希望能建構出一個具有顛覆意義的空間，揮別中國文化品茶的古雅意境，亦不向日式茶道的侘寂精神靠攏，而是展現台灣在地的草根性與率直從容。」

為了建構出心中理想的茶屋，且同時得以吸引人潮前來體驗，張育睿在勘查這棟 3 層樓的老屋後，提出了將烘茶區遷移至 1 樓中末端，座位區則安排在 2、3 樓的想法，試圖藉由烘茶過程中的滿室飄香，讓路過的行人能夠聞香而來，同時也讓在店中飲茶的客人得以豐富五感的體驗，不僅親眼見證製茶的過程，也能藉由嗅覺感受茶葉於脫水過程中的香氣變化。體驗的維度獲得拓展後，品牌的深度也隨之變的更加厚實，30 年製茶經驗的專業形象亦鮮活了起來。

順應材料本質，以灰階收攏相異材質

「在思考空間設計與材質表現時，一直把握著原則便是『誠實』，這個案子很特別的地方是，很多的材料是在基地現場才決定的」張育睿表示，例如空間中有著許多凹洞孔隙的混凝土牆面，便是在打毛工程過後，發現這樣的材質語彙相較於清水模，更具備台灣在地不拘小節的飲茶氛圍，同時藉由凹凸、斑駁的質地，將自然原始的生機感植入了空間。此外，敲打過後的牆面使基底的磚牆呈現裸露的狀態，為了避免紅磚的張力過於強烈，使空間失去了靜謐感，張育睿將其塗上灰色漆料，僅保留其磚體的形狀與隨性的疊砌樣貌，「空間中本有的建材種類本身不會過度複雜，但為了讓氛圍能更加沉著，將不同的建材以灰階色調進行整合，藉由不同層次的灰階，讓材料能更加純粹的展現本有的質地，即使色調單一，卻能堆疊出十分豐富且細緻的感受。」張育睿接續分享其統合空間中個別材料的手法。

具有溫潤質感的杉木貫穿了整體空間，不僅可見於座位區的桌椅、階梯，亦以格柵的手法鋪設於天花板，而與 2 樓飲茶區相接的廁所，則是以生鐵板拼組而成，色澤變化內斂且細緻的生鐵板與杉木階梯直接的交接，展現了異材質拼接的衝突美感，其強烈而粗獷的材料語彙立即為空間帶來視覺的亮點。此外，貫穿 3 層樓的旋梯同樣是由鐵件構成的，若保留鐵件原色會使結構感過於強烈，「若回歸到飲茶本身，無論於國內外，都屬於不張揚且低調的行為，因此必須避免具有風格性的材料比例過高，使空間過於喧嘩，破壞了寧靜氛圍。」張育睿進一步解釋了以灰色烤漆包覆旋梯的原因，且於語末分享了自己對於材料使用的深刻見解：「如果能誠實的使用材料，讓材料展現原本的樣子，而非仰賴過多的裝飾手法去做變化，台灣的特色與美便是來自於一種不修邊幅，看似未完成，卻又自成一格的氣息。」

拆解混搭材質運用概念

杉木 X 磚

材質選用接地氣，預留溝縫無形收邊

希望這個飲茶空間能讓人感到親切而自在，因此空間中大量
採用價格平實的杉木，減少材料本身的距離感，也能避免讓
人感到拘謹。張育睿表示：「材料的親切感不僅僅是來自質
地或色澤，也包含著台灣人對該材料的記憶與印象。」此外，
裸露出來的磚牆由於本身是作為結構牆，因此磚的疊砌較為
不平整，此時會建議以同樣帶有質樸感的木材質直接的與之
銜接，無須在兩者之間增加新的材料作為介質，以免顯得過
度人為，與崇尚自然原始的空間顯得違和。

鐵件 X 杉木

以木質調性緩和金屬的冷硬

2 樓座位區擁有大面落地窗，讓日光從容的灑入，照耀於以生鐵建構而成的牆面產生了微量反光，不僅輕量化了鐵件自帶有的沉重量體，也使其顯得較為溫潤。由於生鐵本身具有的色澤變化豐富，在一片以灰階以及木質調性為主的空間中，立即成為視覺的亮點，因此一旁同樣以鐵件製成的旋梯，為了緩和其強烈的結構感，以具有柔軟曲線的彩帶為概念，使其展現了軟性的張力，並為其漆上了灰色漆料，以免比例過高的搶眼元素掩蓋了寧靜內斂的氣息；另一方面，杉木與鐵件的搭配亦能有效地緩和金屬材料的冷硬調性。

混凝土 X 鍍鈦板

礦物展現粗獷質地，紅銅扣合茶罐意象

從吧檯至地面皆是以混凝土鋪製而成，與牆面經過打毛工程而具有凹凸紋理的混凝土牆，以類似的色澤、相異的觸感相映成趣。吧檯的桌面為展現古銅色澤的鍍鈦板，其概念來自盛裝茶葉的紅銅與黃銅茶罐，借用其仰賴金屬質感襯托出茶葉高級質感的概念，將此元素提取出來，成為空間色彩計畫的一環。古銅金屬色澤與空間中具備時間感的特性十分吻合，雖與水泥為相互衝突的元素，在比例調配得宜的情況下，依然能提煉出自成一格的和諧感。

燒杉 X 夾板

燒杉的神秘以親民的夾板材中和

店面外觀的黑色木頭是以燒杉的工法製成，靈感來自於京都老建築。由於木頭內部經常會隱含水分，進而影響使用的功能性，通常會以紅外線進行水分的去除，而燒杉則是將杉木加以燻燒，使木頭呈現碳化的狀態，不僅可以有效的除溼，亦能完全避免蟲蛀的問題。此外，由於木頭燻燒的過程與烘製茶葉的意象十分雷同，藉材料的特性再一次扣合了茶文化的內涵，空間亦顯得更加深邃且神祕。為了不使神秘感成為一種距離感，因此適度地於入門處加入了常見的親民材料－夾板，使行人得以鼓起勇氣入店一探究竟。

以灰階色譜作視覺主調，讓異材搭配和諧有層次

善用原材相互烘托，營造居所自然秘境

混搭元素 —— 不鏽鋼 X 大干木 X 金屬 X 大理石 X 特殊漆

文＿洪雅琪　空間設計暨圖片提供＿ Peny Hsieh Interiors 源原設計

| Project Data | 空間性質：住宅空間／坪數：105 坪／建材：大理石、磁磚、木地板、金屬鍍鈦、木皮、特殊塗料

家，不只是某種物質空間，更是一處放鬆心靈、摒除所有日常亂序的精神場域，而住宅空間透過設計適切加持，對外，它如殼般包覆屋主不受打擾，對內，則成為獨享的一方天地。本案座落於都市郊區，為一處依傍著大山大水景致的雙層公寓，最初業主希望將戶外景觀意象延伸至室內，於是 Peny Hsieh Interiors 源原設計設計總監謝和希以「相互共融」的精神出發，透過呼應周邊環境的特色，將戶外室內的關係做了巧妙的連結，讓人居於其中彷彿置身山林。

以天然質感為基底，鋪陳空間律動與層次

以自然作為借景，謝和希多方取用原生材料鋪墊整體空間，例如石材、石皮、木材、木皮、磁磚……等天然物質相互搭配，儘管這些材料的質地、色澤、紋理豐富多變，單看各有韻味，但搭配若過頭，便容易讓視覺流於繁雜、花俏，於是謝和希屏除濃妝飾屋，進一步掌握「漸層灰階」的配色原則，首先讓異材質之間的色系和諧一致，不會突然冒出高彩度的元素干擾空間層次，再者色彩具有感染力，因此各種漸層灰形成寧靜、沉穩的色澤，讓屋主心靈更加放鬆舒坦。

在挑高兩層樓的客廳區域，聳高的大理石牆挺拔而立卻不壓迫，原因在於其色澤屬於輕柔的灰白色系，加上表層是以霧面拉皮處理，雖不如亮面般華麗，卻也不失典雅氣息，而中央區域石材再以特殊工藝製成波浪狀的立體紋理，經自然光灑落下，使原本看似厚重的石元素多了份柔軟氣質，另外，謝和希採用鍍鈦金屬為此處做點綴，僅以細長的框架型態扣合於兩側，一來讓石材與金屬形成些許視覺反差、相互烘托，再者也讓看似剛硬的金屬元素有了另一種優美呈現。

由於整體空間運用大量石材鋪墊寧靜安定的感受，深色系的木地坪則是作為連結各處區域的溫潤調劑，避免因過多石材讓氛圍過於冰冷，但也因為這些元素都是扣合在天然質感之上，因此即便配置在各區，視覺效果也相當協調，更與戶外景致相互烘托。

材質搭配關乎人對於空間的想像與期待

問及謝和希對於混材搭配的想法，她答道，「無論是商空或住宅，混材沒有絕對的使用原則，關鍵在於『人』，也就是使用者的感受；商空可以吸睛搶鏡、大膽奪目，但住宅與人朝夕相處，待得舒服放鬆、視覺不疲勞反倒重要，因此思考材質計畫要納入『溫度感』，這溫度不僅是視覺感到溫暖，連帶觸覺也是關鍵，或撫摸、或踏足，都是體驗材質魅力的機會，尤其在過往極簡風盛行時，黑、白、灰 3 色雖為百搭經典，卻少了分生活溫度，加上現代社會擁擠的人口密度與生活節奏快速，促使人們渴望在有限的住宅空間裡，創造一處能盡情徜徉的場域，因此設計師藉混材設計創造撫慰人心的無形自然感，更進一步形塑出個人獨特的生活風景。」

拆解混搭材質運用概念

不鏽鋼 X 大干木

臨摹瀑布壯麗，催化異材野性魅力

多被視為過渡帶的樓梯，在本案中從配角升級為空間主角；對比住宅窗外的寂靜湖面景致，謝和希選擇效仿瀑布的壯麗波瀾，讓室內的「動感」呼應遠處的「靜謐」，為了將水流效果具體化，創造一動一靜的概念，她先以不鏽鋼板作為旋轉樓梯基底，其可塑性高的特質能呈現大幅度的曲線感，加上採用手工拋磨，讓表層布滿拉絲紋理，經光線照射後出現水面反光效果；再者，踏階部分採用「大干木」木材，其木紋顏色反差大，獨特又狂野，一階階排列起來彷彿涓涓水流由高往低處匯流的律動，同時巧妙串聯上下樓層關係。

石皮 X 金屬

曲線 X 紋路 X 質地，營造磅礡流瀑氣勢

襯托旋轉樓梯的是一片高至 2 樓的天然石皮牆面，謝和希延續瀑布樓梯的自然意象，藉石皮些微的粗獷質地譬喻為山壁，然而選用淺色系搭配，一來不搶過樓梯鋒芒；再者增添優雅細膩感，讓質感狂野的石材透過色澤的精心考量，降低視覺壓迫，且經由窗外自然光照射在凹凸面上，反射出層層光影變化。而到了 2 樓空間，石皮再與金屬混搭，其中金屬表層藉由「光滑亮面」、「霧面亂紋」與「毛絲面」3 種拉皮手法創造不同視覺感受，相較石材的質樸，局部金屬材質的注入，使自然風與現代感在此處達到平衡。

磁磚 X 金屬　　　兼具視覺豐富紋理，營造空間清爽感

衛浴區的建材必須能抗濕氣或積水，此處選用帶有大理石紋路的磁磚，作為大片壁面裝飾，由於每片磁磚本身紋理百變多元，因此拼接時反而不需刻意對紋，才能突顯大理石紋路的自然有機肌理，然而此間衛浴尺度偏大，如果多使用淺色配色，空間易顯冰冷，於是謝和希從中配置 2 道隔間牆，首先是界定前方化妝台與後方淋浴區、如廁區的關係；再者，善用表層深灰色系的大理石紋路磁磚，視覺上拉回焦點，也讓空間有了層次與分量，顯得不那麼冷清；化妝台的鏡面也選用金屬鐵件焊接成各種線條感，讓整體空間注入些許現代設計語彙。

特殊漆 ✕ 大理石

重塑洞穴意境，營造清幽氛圍

此間臥室偏狹長格局，本應不太好配置，然而
謝和希以其獨特格局化為設計優勢，選用特殊
漆調製出不均質的淺灰階色澤，大面積塗抹於
天花與壁面，讓空間有種原始洞穴感，透過輕
柔的用色與自然投射的光影，讓人不覺壓迫，
反而有種幽靜之感；另外靠近床頭處的壁面配
置一塊淺色系大理石，彷彿畫作般讓視覺有了
聚焦，其質感也與周圍沉靜色澤搭配得宜。

大理石 ✕ 木材

剛硬材質藉工藝展現柔軟，多了細膩優雅

遠看彷彿藝術品般的壁面裝飾，其實是座立式鞋櫃，謝和希呼應窗外的山水
景觀，運用精密的切割工藝，讓大理石櫃體擁有平滑面與立體溝縫面 2 種效
果相互搭配，一來突破大眾對於石材櫃體會有厚重生硬的制式印象；再者讓
左右開門的造型刻意不對稱，形塑出細膩的線條感，視覺也顯得活潑，有如
藝術品般讓人百看不膩，即便配置在溫潤的木地坪上也不會有壓迫感。謝和
希補充，將石材用於門片建材時，更要考慮承重等結構安全，故此處就是以
天地鉸鏈施作，而非傳統的側邊固定，除了提高安全性，使用上也更為輕鬆。

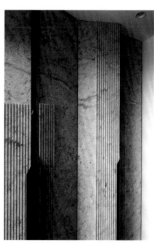

材料的交錯編排，突顯空間質感與細節

色調材質間的協調平衡，表述家的沉穩與寧靜

混搭元素——鍍鈦 X 皮革 X 黑鐵 X 石皮 X 水磨石

　文＿余佩樺　空間設計暨圖片提供＿工一設計 One Work Design

| Project Data | 空間性質：住宅空間／坪數：40 坪／建材：石皮、鐵件、水磨石、絨布、香杉木、皮革、
PANDOMO、木地板

本案屋主在裝潢前因喜愛工一設計 One Work Design 的設計，便決定委由他們操刀相關規劃。擅於用材質替空間說故事的工一設計 One Work Design，這回同樣也以多樣的材質表述空間，透過色調收攏相異的材料，再藉由不同的對比手法營造視覺張力與感受，看似沉穩、安靜，其中卻散發著迷人的細節與感受。

適度打開空間，創造室內穿透性視野

考量使用需求，最終將空間劃分為玄關、客廳、中島吧檯、廚房、臥房與書房，工一設計 One Work Design 設計師張豐祥談到，業主一開始便提出不需要規劃電視牆的需求，再加上其本身有蒐藏腳踏車，公共區經重新配置後整合為客廳結合中島吧檯空間，另外則是在入口玄關處配置了專屬於腳踏車的展示牆，讓立面機能與表現更貼近屋主。此外，屋主也希望空間是充滿延伸性的，在重新整合空間後，除了獨立臥室外，另以門片圍塑出一間多功能空間，身兼書房與客房的功能，開闔之間也能夠把空間場域做了不向度的延展，相互穿透也利於自由地穿梭其中。

混材運用製造出不同的對比感受

至於在空間裝飾表現上，以中性調為主，空間看似材質多樣，靠著串聯手法及色調的收攏，空間未因材質的多樣性而擾亂了基調。就像在回應客廳、中島吧檯及多功空間時，考量延伸室內界線的可能性時，最終選以水磨石做勾勒，剛好再對應到室內花台的應用，貼近自然也適應戶外天候。設計的同時團隊也思考到，因空間的另一隅有鋪設木地板的需要，由於兩者紋理均較為繁複，在思量後，以 PANDOMO（或譯磐多魔）作為介質，達到平衡的作用，也讓地坪更具層次。水磨石的運用不只在地坪、花台，另也觸及到中島吧檯的桌腳，張豐祥解釋，「當材質的配置是彼此呼應時，那就不會顯得凌亂，反而還能受到同質、同色調的牽引產生一種制衡作用。」

當然，設計者也希望在同調性中創造出視覺張力，就像在客廳築起一道以石皮構成的粗獷石牆，之間又再嵌入鐵件層板，層板底下透出柔黃光帶，光的映襯讓石牆立面更為突出，徹底的增加了視覺器度。張豐祥說，材質在混搭之間除了製造視覺平衡外，另也希望藉由石皮與鐵件的厚薄度，帶出不同的分量感受。延續那分輕薄之間的視覺玩味，在沙發牆對側，配置了一道展示牆，由於屋主有蒐藏一台腳踏車，設計者利用鍍鈦勾勒立面，鐵件支架與接觸面之間嵌入皮革作為收邊，一來保護車體、二來也達平衡冷調的作用；鍍鈦上利用雷射雕刻刻劃出橫、豎圖形，作為支架扣件卡榫，日後也能因應其他需求改變放置形式與物品。除了厚重與輕薄、粗糙與平滑，設計團隊也嘗試在環境中製作出堅硬和柔軟的對比效果，像是在多功能空間的門片上，貼覆了絨質布料，兩側又再以 Stainless 去收絨布側邊的破口，巧妙地做了修飾也讓細節處多了一分質感。

水磨石 X 賽麗石

延伸使用材質，讓調性更趨一致

公領域以開放式設計為主，考量使用需求後，將餐廳改為中島吧檯形式，為了與其他空間的調性接近，在中島吧檯部分其檯面除了使用賽麗石之外，另也加入了水磨石材質，這設計還一路延伸到桌腳，除了與地坪、花台相呼應之外，也讓整個中島吧檯的設計是更具一致性的，不會產生視覺的凌亂感。

鍍鈦　X　皮革

鍍鈦結合皮革，引出空間細緻感

屋主在規劃之初便提及要有一處收放腳踏車的空間，設計者選擇在鄰近入口處的牆面做了配置了展示架。為了與對側石皮牆產生對比感，選以鍍鈦來做鋪陳，藉由其具備的光澤感以及對光線的高反射性，成功創造出粗糙與細緻的對比效果，也讓空間層次更為豐富。為保護腳踏車體，特別在掛處同樣做了溝縫並將皮革嵌入，降低硬質地材做直接接觸、進而產生刮傷的機會。

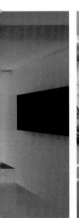

木地板 X 皮革 X 木皮

以木料、皮革替空間增添一絲溫潤感

有別於公領域的冷調俐落，考量臥房屬休憩用途，多以溫潤的材質來做表現，讓整體氛圍更顯放鬆。在睡寢區鋪設木地板，櫃體也以木元素為主，替暖意圍塑出不同色調的對比感。至於在兩房之間配置了一座圓潤造型的洗手台與化妝空間，理解到這是屋主幾乎天天會使用到的地方，為了提升使用的舒適性，在這個小區域裡，運用了人造皮革、木皮等材質，將溫潤感做了不一樣的表述，視覺上也充滿特色。

石皮 ✕ 黑鐵烤漆 ✕ 皮革

石皮營造讓空間透出視覺張力

為了能在簡潔調性中創造出視覺張力，設計者以石皮刻畫客廳、中島吧檯的端景牆，粗獷的肌理與色澤，讓立面別具況味。此外也想讓石牆富含其他機能，特別在其中植入鐵件層板，由於層板間又必須再嵌入照明，為修飾掉照明的管線，加以編織皮革做包覆，光帶的投射讓牆面更突出之餘，皮革的點綴也為設計帶來細節變化。

水相設計

ADD：台北市大安區仁愛路三段 24 巷 1 弄 7 號

TEL：02-2700-5007

EMAIL：info@waterfrom.com

WEB ／ FB：https://waterfrom.com/

石坊空間設計研究

ADD：台北市松山區民生東路 5 段 69 巷 3 弄 7 號 1 樓

TEL：02-2528-8468

EMAIL：info@mdesign.com.tw

WEB ／ FB：www.mdesign.com.tw/#/about_a/

森境＋王俊宏室內裝修設計工程有限公司

ADD： 台北市中正區信義路 2 段 247 號 9 樓

TEL：02-2391-6888

EMAIL：sidc@senjin-design.com

WEB ／ FB：www. senjin-design.con

開物設計

ADD：台北市大安區安和路 1 段 78 巷 41 號 1 樓

TEL：02-2700-7697

EMAIL：aa.o.yang@gmail.com

WEB ／ FB：aheadesign.com/

大名╳涵石設計

ADD：台北市中正區新生南路一段 54 巷 11 號 2 樓

TEL：02-2393-3133

EMAIL：jensen@mwdesign.com.tw

WEB ／ FB：http://www.taminnandmw.com/

尚藝設計

ADD：台北市中山區中山北路 2 段 39 巷 10 號 3 樓

TEL：02-2567-7757

EMAIL：shang885@hotmail.com

WEB ／ FB：www.sy-interior.com

KC Design Studio 均漢設計

ADD：台北市松山區八德路四段 106 巷 2 弄
13 號

TEL：02-2761-1661

EMAIL：kpluscdesign@gmail.com

WEB／FB：www.kcstudio.com.tw

II Design 硬是設計

ADD：高雄市新興區中正四路 34 號 3 樓

TEL：07-285-1003

EMAIL：insideinsightdesign@gmail.com

WEB／FB：iidesign.com.tw

Peny Hsieh Interiors 源原設計

ADD：台北市四維路 160 巷 26 號 2 樓

TEL：02-2709-3660

EMAIL：yydg2014@gmail.com

WEB／FB：www.penyhsieh.com

合風蒼飛設計＋張育睿建築事務所

ADD：台中市五權西路二段 504 號

TEL：04-2386-1663

EMAIL：soardesign@livemail.tw

WEB／FB：www.facebook.com/soar.
design.tw

沈志忠聯合設計

ADD：台北市松山區民生東路五段 69 巷 21
弄 14-1 號 1 樓

TEL：02-2748-5666

EMAIL：ron@x-linedesign.com

WEB／FB：http://www.x-linedesign.
com/

大雄設計

ADD：台北市內湖區文湖街 82 號 2 樓

TEL：02-2658-7585

EMAIL：snuperdesign@gmail.com

WEB／FB：http://www.snuperdesign.
com/

MATERIAL14

混材設計大全

作者 | 漂亮家居編輯部
責任編輯 | 許嘉芬
文字編輯 | 黃婉貞、洪雅琪、王馨翎、陳顗如、余佩樺、田瑜萍、陳佩宜、
陳淑萍、許嘉芬、蔡婷如
封面 & 版型設計 | 鄭若誼
美術設計 | 鄭若誼、王彥蘋、莊佳芳

發行人 | 何飛鵬
總經理 | 李淑霞
社長 | 林孟葦
總編輯 | 張麗寶
副總編輯 | 楊宜倩
叢書主編 | 許嘉芬

出版 | 城邦文化事業股份有限公司 麥浩斯出版
地址 | 104 台北市中山區民生東路二段 141 號 8 樓
電話 | 02-2500-7578
傳真 | 02-2500-1916
E-mail | cs@myhomelife.com.tw

發行 | 英屬蓋曼群島商家庭傳媒股份有限公司城邦分公司
地址 | 104 台北市民生東路二段 141 號 2 樓
讀者服務電話 | 02-2500-7397；0800-033-866
讀者服務傳真 | 02-2578-9337
訂購專線 | 0800-020-299（週一至週五上午 09:30 ～ 12:00；下午 13:30 ～ 17:00）
劃撥帳號 | 1983-3516
劃撥戶名 | 英屬蓋曼群島商家庭傳媒股份有限公司城邦分公司

香港發行 | 城邦（香港）出版集團有限公司
地址 | 香港灣仔駱克道 193 號東超商業中心 1 樓
電話 | 852-2508-6231
傳真 | 852-2578-9337
E-mail | hkcite@biznetvigator.com

馬新發行 | 城邦〈馬新〉出版集團 Cite（M）Sdn.Bhd.（458372U）
地址 | 11,Jalan 30D ／ 146, Desa Tasik, Sungai Besi,
57000 Kuala Lumpur, Malaysia.
電話 | 603-9056-3833
傳真 | 603-9057-6622

總經銷 | 聯合發行股份有限公司
電話 | 02-2917-8022
傳真 | 02-2915-6275

製版印刷 | 凱林彩印股份有限公司
版次 | 2020 年 12 月初版一刷
定價 | 新台幣 550 元

國家圖書館出版品預行編目 (CIP) 資料

混材設計大全/漂亮家居編輯部作. -- 初版. --
臺北市：城邦文化事業股份有限公司麥浩斯出
版：英屬蓋曼群島商家庭傳媒股份有限公司城
邦分公司發行, 2020.12
面； 公分. --（Material；14）
ISBN 978-986-408-646-7(平裝)

1. 建築材料

441.53   109017785

Printed in Taiwan